This series aims to report new developments in mathematical research and teaching – quickly, informally and at a high level. The type of material considered for publication includes:

1. Preliminary drafts of original papers and monographs

2. Lectures on a new field, or presenting a new angle on a classical field

3. Seminar work-outs

4. Reports of meetings

Texts which are out of print but still in demand may also be considered if they fall within these categories.

The timeliness of a manuscript is more important than its form, which may be unfinished or tentative. Thus, in some instances, proofs may be merely outlined and results presented which have been or will later be published elsewhere.

Publication of *Lecture Notes* is intended as a service to the international mathematical community, in that a commercial publisher, Springer-Verlag, can offer a wider distribution to documents which would otherwise have a restricted readership. Once published and copyrighted, they can be documented in the scientific literature.

Manuscripts

Manuscripts are reproduced by a photographic process; they must therefore be typed with extreme care. Symbols not on the typewriter should be inserted by hand in indelible black ink. Corrections to the typescript should be made by sticking the amended text over the old one, or by obliterating errors with white correcting fluid. Should the text, or any part of it, have to be retyped, the author will be reimbursed upon publication of the volume. Authors receive 75 free copies.

The typescript is reduced slightly in size during reproduction; best results will not be obtained unless the text on any one page is kept within the overall limit of 18 x 26.5 cm (7 x 10 ½ inches). The publishers will be pleased to supply on request special stationery with the typing area outlined.

Manuscripts in English, German or French should be sent to Prof. Dr. A. Dold, Mathematisches Institut der Universität Heidelberg, Tiergartenstraße or Prof. Dr. B. Eckmann, Eidgenössische Technische Hochschule, Zürich.

Die „*Lecture Notes*" sollen rasch und informell, aber auf hohem Niveau, über neue Entwicklungen der mathematischen Forschung und Lehre berichten. Zur Veröffentlichung kommen:

1. Vorläufige Fassungen von Originalarbeiten und Monographien.

2. Spezielle Vorlesungen über ein neues Gebiet oder ein klassisches Gebiet in neuer Betrachtungsweise.

3. Seminarausarbeitungen.

4. Vorträge von Tagungen.

Ferner kommen auch ältere vergriffene spezielle Vorlesungen, Seminare und Berichte in Frage, wenn nach ihnen eine anhaltende Nachfrage besteht.

Die Beiträge dürfen im Interesse einer größeren Aktualität durchaus den Charakter des Unfertigen und Vorläufigen haben. Sie brauchen Beweise unter Umständen nur zu skizzieren und dürfen auch Ergebnisse enthalten, die in ähnlicher Form schon erschienen sind oder später erscheinen sollen.

Die Herausgabe der „*Lecture Notes*" Serie durch den Springer-Verlag stellt eine Dienstleistung an die mathematischen Institute dar, indem der Springer-Verlag für ausreichende Lagerhaltung sorgt und einen großen internationalen Kreis von Interessenten erfassen kann. Durch Anzeigen in Fachzeitschriften, Aufnahme in Kataloge und durch Anmeldung zum Copyright sowie durch die Versendung von Besprechungsexemplaren wird eine lückenlose Dokumentation in den wissenschaftlichen Bibliotheken ermöglicht.

Lecture Notes in Mathematics

A collection of informal reports and seminars
Edited by A. Dold, Heidelberg and B. Eckmann, Zürich

148

Robert Azencott
University of California, Berkeley / CA / USA

Espaces de Poisson des Groupes Localement Compacts

Springer-Verlag
Berlin · Heidelberg · New York 1970

 Library of Congress Catalog Card Number 79–133368
Title No. 3305

Offsetdruck: Julius Beltz, Weinheim/Bergstr.

PREFACE

Les résultats présentés ici font le point d'un travail de recherche entrepris dans le cadre de la préparation d'un doctorat d'Etat sous la direction de J. Neveu. L'intérêt amical avec lequel J. Neveu a suivi notre travail a été pour nous un constant encouragement. Nous remercions J. Neveu et H. Furstenberg d'avoir patiemment relu les premières ébauches de nos démonstrations; leurs critiques et conseils nous ont été très utiles. Une première rédaction de l'ensemble de ce travail a été impitoyablement relue par P. Cartier et n'a pas survécu à cette épreuve; les nombreuses suggestions et les commentaires détaillés de P. Cartier ont permis de généraliser plusieurs résultats et de simplifier largement l'ensemble de l'exposé. Des conversations avec M. Duflo, P. Gérardin, R. Godement et C. Moore nous ont aidé à éclaircir quelques points de théorie des groupes. Nous tenons enfin à remercier D. Revuz avec qui nous avons souvent discuté les questions abordées ici.

R.G.A.

Paris, mai 1969

Berkeley, septembre 1969

TABLE DES MATIERES

0 INTRODUCTION

Soient G un groupe localement compact à base dénombrable, μ une mesure de probabilité sur G (mesure positive de masse 1 sur la tribu borélienne de G). Nous considérons l'équation fonctionnelle

$$(1) \qquad f(g) = \int_G f(gh)\, d\mu(h) \qquad (g \in G)$$

où f est une fonction borélienne sur G à valeurs réelles. Nous appelons fonctions μ - harmoniques les solutions boréliennes bornées de (1). Celles-ci ont été étudiées de facon approfondie par Furstenberg [8] dans le cas où G est un groupe de Lie semi-simple connexe de centre fini et où $\mu \ll m_G$, (m_G est la mesure de Haar sur G).

En généralisant une construction probabiliste dûe à Furstenberg, on obtient une représentation intégrale des fonctions μ - harmoniques, contenant comme cas particulier la formule de Poisson classique (qui représente les fonctions harmoniques bornées usuelles dans le disque unité, à partir de leurs valeurs sur le bord du disque). Soit H_μ l'espace de Banach des fonctions μ - harmoniques uniformément continues à gauche sur G (muni de la norme de la convergence uniforme). Pour tout entier $n \geq 0$, on note μ^n le produit de convolution de n mesures égales à μ. On prouve que si f, $f' \in H_\mu$, la limite

$$\lim_{n \to \infty} \int_G f(gh)\, f'(gh)\, d\mu^n(h)$$

existe pour tout $g \in G$ et définit une fonction de H_μ, notée $f \times f'$. L'espace H_μ muni de ce produit est une C*-algèbre. Le spectre Π_μ de cette C*-algèbre est appelé <u>l'espace de Poisson de</u> μ ; c'est un espace compact sur lequel G opère continûment. Si l'une au moins des puissances de convolution de μ n'est pas singulière par rapport à m_G, nous disons que μ est <u>étalée</u> sur G; lorsque μ est étalée, il existe une mesure de probabilité ν sur Π_μ (<u>noyau de Poisson de</u> μ) et une mesure quasi-invariante ε sur Π_μ telles que l'application $j: \hat{f} \to f = j(\hat{f})$ définie par

$$f(g) = j(\hat{f})(g) = \int_{\Pi_\mu} \hat{f}(gx)\, d\nu(x) \;, \quad (g \in G,\ \hat{f} \in L_\infty(\Pi_\mu, \varepsilon))$$

soit une isométrie de $L_\infty(\Pi_\mu, \varepsilon)$ sur l'espace de Banach de toutes les fonctions μ - harmoniques; par restriction, j définit une isométrie de $C(\Pi_\mu)$ (espace des fonctions continues sur Π_μ) sur H_μ. L'espace Π_μ et le noyau ν sont déterminés à isomorphisme près par cette dernière propriété.

Lorsque G est un groupe de Lie semi-simple connexe de centre fini, Furstenberg construit une famille <u>finie</u> $\underline{F}$ d'espaces <u>homogènes</u> de G telle que, pour tout $\mu << m_G$, l'espace Π_μ soit nécessairement isomorphe à un élément de $\underline{F}$. Nous précisons complètement la relation entre Π_μ et μ dans ce cas. Dans le cas général, nous démontrons que si μ_1 et μ_2 sont deux mesures étalées sur G telles que Π_{μ_1} et Π_{μ_2} soient des espaces homogènes de G, et telles que les semi-groupes fermés engendrés par les supports de μ_1 et μ_2 soient égaux, alors Π_{μ_1} et Π_{μ_2} sont isomorphes.

Nous disons qu'un groupe G est de type (T) si G est transitif sur Π_μ pour toute mesure de probabilité μ <u>étalée</u> sur G. La famille des groupes de type (T) contient donc celle des groupes de Lie connexes semi-simples de centre fini, et on montre qu'elle est stable par passage au quotient. L'étude de la marche aléatoire de loi μ sur G permet de caractériser certains sous-groupes du groupe des μ - périodes (périodes à droite des fonctions μ - harmoniques). Les classes de conjugaison compactes assez proches de l'unité, en particulier les petits sous-groupes compacts de G, et la composante connexe de l'unité dans le centre de G sont contenus dans le groupe des μ - périodes. On peut ainsi ramener l'étude des groupes localement compacts de type (T) à celle des groupes de Lie de type (T). Si G est un groupe de Lie de type (T) et si G_o est la composante connexe de l'unité dans G, nécessairement G/G_o est fini et G_o est de type (T).

Soit R un groupe de Lie connexe <u>résoluble</u> et soit $\underline{R}$ l'algèbre de Lie de R ; alors R est de type (T) si et seulement si, quel que soit $X \in \underline{R}$, les valeurs propres de $ad(X)$ sont imaginaires pures. Soient maintenant G un groupe de Lie connexe, et R le radical de G (le plus grand sous-groupe connexe résoluble distingué de G). Si G est de type (T), nécessairement

R est de type (T), ainsi que G/R (qui est semi-simple et connexe). De plus, les espaces de Poisson des mesures étalées sur G sont isomorphes aux espaces de Poisson de G/R. Inversement, si R est de type (T) et si G/R est compact, le groupe G est de type (T). Ce résultat subsiste si on sait que R est compact et que G/R est de type (T). En particulier, si G est extension compacte d'un groupe nilpotent, G est de type (T).

Soient G un groupe de Lie de type (T) et Δ un opérateur différentiel elliptique, du second ordre, invariant à gauche sur G, et annulant les constantes. Soit $(\mu_t)_{t > 0}$ le semi-groupe de convolution sur G, de générateur infinitésimal Δ. Nous montrons que l'ensemble des fonctions μ_1 - harmoniques est identique à l'ensemble des solutions bornées f de classe 2 de $\Delta f = 0$.

Les relations entre frontière de Martin et espace de Poisson ne sont pas étudiées ici, mais nous aborderons cette question dans un prochain article. Signalons en particulier que si G est de type (T), et si μ est une mesure de probabilité sur G absolument continue par rapport à la mesure de Haar, l'espace de Poisson de μ est isomorphe à la partie active de la frontière de Martin associée à la marche aléatoire de loi μ sur G.

La plupart de nos résultats ont été résumés dans [2].

I. CONSTRUCTION DE L'ESPACE DE POISSON

I.1. PRELIMINAIRES:

Si X est un espace localement compact, nous appelons C(X) l'espace des fonctions continues bornées réelles sur x muni de la norme de la convergence uniforme, M(X) l'espace des mesures de Radon bornées sur X muni de la norme usuelle, $M^+(X)$ le cône (privé de zéro) des éléments positifs de M(X) muni de la topologie de la convergence vague, $M^1(X)$ l'ensemble des mesures de probabilité sur X (éléments de norme 1 dans $M^+(X)$) muni de la topologie vague. Pour toute mesure μ de M(X) nous désignons par Supp(μ) le support de μ. L'intégrale d'une fonction borélienne f sur X par rapport à une mesure μ de M(X) sera notée indifféremment $\int f(x)\, d\mu(x)$ ou $\langle f,\mu \rangle$.

Nous désignons par G un groupe localement compact et à base dénombrable, et par e son élément unité. Nous appelons G-espace tout espace topologique sur lequel G opère continûment. Soient X et Y deux G-espaces; une application p de X dans Y est dite équivariante si elle est continue et commute avec les opérations de G; nous disons que p est un isomorphisme si elle est bijective, et si p et p^{-1} sont équivariantes.

Soit X un G-espace, à gauche, et f une fonction sur X. Nous posons $L_g f(x) = f(gx)$ $(g \in G,\ x \in X)$. Quand X est compact, C(X) est alors un G-espace à droite.

Soient X un G-espace localement compact, $\mu \in M(G)$ et $\lambda \in M(X)$. Nous appelons convolution $\mu * \lambda$ de μ et λ la mesure sur X image de $\mu \otimes \lambda$ par l'application $(g, x) \to gx$ de $G \times X$ sur X. Lorsque $\mu = \delta_g$ (masse unité en $g \in G$) nous notons $g\lambda$ la mesure $\delta_g * \lambda$. On note μ^n le produit de convolution $\mu * \ldots * \mu$ (n facteurs) sur G .

Soient f une fonction borélienne sur X et $\lambda \in M(X)$. Nous notons $f * \lambda$ la fonction sur G définie par

$$f*\lambda(g) = \langle f, g\lambda \rangle = \int_X f(gx)\, d\lambda(x) \qquad (g \in G) .$$

lorsque le second membre est défini pour tout $g \in G$. En particulier, si $X = G$, si $\mu, \lambda \in M^+(G)$ et si f est bornée, ou positive, on a

$$(f*\lambda)*\mu = f*(\mu*\lambda) .$$

Soit Ω' l'espace des suites $(x_n)_{n \geq 1}$ de points de G muni de la plus petite tribu rendant mesurables les applications coordonnées de Ω' dans G (muni de la tribu borélienne). Soit μ une mesure de probabilité sur G. Soit Q la mesure de probabilité sur Ω' produit des mesures μ sur chaque facteur. Soit $\Omega = G^N$ muni (*) de la tribu $\underline{\underline{B}}$, produit des tribus boréliennes sur chaque facteur. Pour tout point g de G appelons P_g la mesure de probabilité sur Ω, image de Q par l'application de Ω' dans Ω definie comme suit:

(*) On note N l'ensemble des entiers 0, 1, 2, ...

$$(g_1,g_2,g_3, \dots) \rightarrow (g,gg_1,gg_1g_2, \dots)$$

où la $n^{\text{ème}}$ coordonnée est $gg_1 \dots g_n$ pour $n > 0$. On note X_n la $n^{\text{ème}}$ application coordonnée de Ω dans G.

La <u>marche aléatoire</u> de loi μ sur G est le triple

$$\{ \Omega, (P_g)_{g \in G}, (X_n)_{n \in \mathbb{N}} \} .$$

Pour toute mesure positive θ sur la tribu borélienne de G, on définit une mesure positive P_θ sur Ω par $P_\theta = \int P_g \, d\theta(g)$. Pour toute fonction $\underline{B}$-mesurable f sur θ, à valeurs réelles, on pose

$$E_\theta(f) = \int_\Omega f(\omega) \, dP_\theta(\omega)$$

et pour $g \in G$, on note $E_g(f)$ l'intégrale $E_{\delta_g}(f)$.

Définition I.1: Soit μ une mesure de probabilité sur G. Nous appelons <u>fonction μ - harmonique</u> toute fonction borélienne bornée f sur G telle que

$$<f, g\mu> \; = \; f(g) \quad , \quad (g \in G),$$

c'est à dire telle que $f * \mu = f$, *ou encore* $\int_G f(gh)\, d\mu(h) = f(g)$ *pour tout* $g \in G$.

Cette définition contient celle des fonctions harmoniques bornées sur les espaces riemanniens symmétriques ([8], p.335-336) et est identique à celle des fonctions invariantes bornées pour la marche aléatoire de loi μ sur G. (cf. partie VI).

Sous certaines conditions (cf. Ch. V), les fonctions bornées de classe 2 sur G, annulées par un opérateur différentiel elliptique du second ordre invariant à gauche sont susceptibles d'une telle définition.

Dans toute la suite, nous appelons H_μ l'espace vectoriel des fonctions μ - harmoniques uniformément continues à gauche, muni de la norme de la convergence uniforme. Il est clair que H_μ est un espace de Banach et que G opère continûment sur H_μ par translation à gauche. Une construction dûe à Furstenberg va permettre d'obtenir une représentation intégrale des éléments de H_μ analogue à la formule de Poisson et de l'étendre dans certains cas à toutes les fonctions μ - harmoniques.

I.2. - REPRESENTATION INTEGRALE DES FONCTIONS μ - HARMONIQUES-

Etant donnés deux espaces vectoriels normés H et H', nous appelons <u>isométrie</u> de H dans H' toute application linéaire de

H dans H' qui conserve la norme. L'utilisation des propriétés classiques des isométries de $C(X)$ dans $C(Y)$ (où X et Y sont deux espaces compacts) nous a été suggérée par Cartier, et nous a permis de simplifier ou de généraliser nos démonstrations initiales.

Lemme I.1: *Soient E et E' deux ensembles, H (resp. H') un espace vectoriel réel de fonctions sur E (resp. E'), bornées et à valeurs réelles. Supposons que H et H' contiennent les constantes et soient munis de la norme de la convergence uniforme; toute isométrie j de H dans H' telle que $j(1) = 1$ transforme les éléments positifs de H en éléments positifs de H'.*

Ce résultat est classique. Il suffit de remarquer que si $f \in H$ et $\inf_{x \in E} (f(x)) = \alpha \geq 0$, on peut écrire $f = g + ||g|| + \alpha$ avec $g \in H$.

Q.E.D.

Si X est un espace compact, nous identifierons éventuellement X à l'ensemble $\{ \delta_x \mid x \in X \}$ des points extrémaux de $M^1(X)$.

Proposition I.1: *Soient X et Y deux espaces compacts et j une application linéaire continue de C(X) dans C(Y). Soit j^* l'application de M(Y) dans M(X) duale de j. Pour que j soit une isométrie telle que $j(1) = 1$, il faut et il suffit que* $X \subset j^*(Y) \subset M^1(X)$.

Soit j une isométrie de C(X) dans C(Y) telle que j(1) = 1. Alors (lemme I.1.), si $f \in C(X)$ et $f \geqslant 0$, on a $j(f) \geqslant \theta$. On en déduit que $j^*(M^1(Y)) \subset M^1(X)$. Soit $x \in X$; posons

$$F(x) = \{ f \in C(X) \mid \theta \leqslant f \leqslant 1 \ ; \ f(x) = 1 \}.$$

Puisque j est une isométrie, pour tout $f \in F(x)$, l'ensemble compact

$$K_f = \{ y \in Y \mid j(f)(y) = 1 \}$$

est non vide. Si deux fonctions de C(X) appartiennent à F(x), il en est de même de leur borne inférieure. Par suite, l'ensemble $\bigcap_{f \in F(x)} K_f$ est une partie compacte non vide K_x de Y. Si $y \in K_x$, on a $< f , j^*(\delta_y)> = < j(f) , \delta_y > = 1$, $(f \in F(x))$. Le support de $j^*(\delta_y)$ est donc contenu dans l'ensemble

$$A_f = \{ x' \in X \mid f(x') = 1 \} \text{ pour tout } f \in F(x) .$$

L'intersection des ensembles A_f lorsque f décrit F(x) est réduite à { x } , donc $j^*(\delta_y) = \delta_x$. On a bien $X \subset j^*(Y) \subset M^1(X)$. Inversement supposons cette suite d'inclusions réalisée. Il est évident que j(1) = 1. L'application j diminue la norme, car

$$| j(f)(y) | = | < f,j^*(\delta_y) > | \leqslant ||f|| \ , (f \in C(X) \ ; \ y \in Y).$$

Mais soit $x \in X$ tel que $|f(x)| = ||f||$; il existe $y \in Y$ tel que $j^*(\delta_y) = \delta_x$, d'où $| j(f)(y)| = |f(x)| = ||f||$, et j est une isométrie.

Q.E.D.

Corollaire :

Soient X et Y deux espaces compacts, j une application linéaire isométrique de C(X) <u>*sur*</u> *C(Y) telle que j(1) = 1. Alors il existe un unique homéomorphisme j* de Y sur X tel que*

$$j(f) = f \circ j^* \quad , \quad (f \in C(X)).$$

Théorème I.1. (Furstenberg [8] p.372-374)
Soient G un groupe localement compact à base dénombrable, μ *une mesure de probabilité sur G et* H_μ *l'espace de Banach des fonctions* μ *- harmoniques uniformément continues à gauche. Il existe un G-espace compact* Π_μ *unique à isomorphisme près et une isométrie équivariante j de* $C(\Pi_\mu)$ *sur* H_μ *tels que j(1) = 1.*

Si un tel espace compact Π_μ existe, le cor. de la prop.I.1. montre immédiatement qu'il est unique à isomorphisme près. L'existence de Π_μ résulte de la construction explicite suivante, due à Furstenberg, que nous nous contentons d'esquisser brièvement. Soit $\{\Omega, (P_g), (X_n)\}$ la marche aléatoire de loi μ sur G. A toute fonction borélienne f sur G on associe une fonction t(f) = F sur Ω en posant

$$F(\omega) = \lim_{n \to \infty} f(X_n(\omega)) \quad ,$$

pour les $\omega \in \Omega$ tels que la limite existe, et $F(\omega) = o$ lorsque la limite n'existe pas. Deux fonctions mesurables F et F' sur Ω sont dites équivalentes si pour chaque $g \in G$ on a

$$F(\omega) = F'(\omega) \quad , P_g \text{ - presque-sûrement, } (\omega \in \Omega).$$

On note $\overline{t}(f)$ la classe d'équivalence de $t(f)$ pour cette relation. Les fonctions bornées uniformément continues à gauche f sur G telle que $\lim_{n\to\infty} f(X_n)$ existe P_g - p.s. pour tout $g \in G$ forment une algèbre A_1. L'ensemble $A = \{ \overline{t}(f) \mid f \in A_1 \}$ peut être muni d'une structure d'algèbre évidente, et de la norme

$$||| F ||| = \sup_{g \in G} || F ||_{L_\infty(\Omega, P_g)} , (F \in A).$$

L'algèbre A_1 contient H_μ, car si f est μ - harmonique, la suite $f(X_n)$ est une martingale bornée, et converge donc P_g - p.s. pour tout $g \in G$. Donc $\overline{t}$ est une application linéaire de H_μ dans A. A toute fonction $F \in A$, on associe une fonction $f = s(F)$ de H_μ par

$$f(g) = E_g(F) , (g \in G).$$

L'application s de A dans H_μ est linéaire, et on vérifie qu'elle est inverse de $\overline{t}$. On montre que s et $\overline{t}$ diminuent la norme, et sont donc des isométries; on en déduit que A est une algèbre de Banach et donc une C*-algèbre. Soit Π_μ l'espace des caractères de A muni de la topologie usuelle. Alors A est isomorphe à $C(\Pi_\mu)$, d'où une isométrie j de $C(\Pi_\mu)$ sur H_μ. Il est immédiat que G opère continûment sur A donc sur Π_μ et que j est equivariante.

Q.E.D.

<u>Remarque I.1:</u> Il est facile de déduire de cette construction la

description directe suivante de Π_μ .

Pour tout couple (f,f') d'éléments de H_μ, la limite de $< ff', g\mu^n >$ quand l'entier n tend vers l'infini existe pour chaque $g \in G$ et définit une fonction sur G qui appartient à H_μ. Si on munit H_μ de ce "produit", H_μ devient une C*-algèbre. L'espace Π_μ est le spectre de cette algèbre. Et j est l'isomorphisme naturel de $C(\Pi_\mu)$ et de la C*-algèbre H_μ.

Définition I.2: L'espace Π_μ construit ci-dessus est appelé *__espace de Poisson__ de μ. La mesure de probabilité ν sur Π_μ définie par*

$$< \hat{f}, \nu > = j(\hat{f})(e) \qquad (\hat{f} \in C(\Pi_\mu)),$$

est appelée __noyau de Poisson__ de μ.

Comme j est équivariante, on déduit facilement de cette définition la "formule de Poisson" ([8] p. 374):

Corollaire: Soit μ une mesure de probabilité sur G, soient ν et Π_μ son noyau et son espace de Poisson. L'application

$$\hat{f} \to \hat{f}*\nu \qquad (cf. \S I.1.) \qquad (\hat{f} \in C(\Pi_\mu))$$

est une isométrie de $C(\Pi_\mu)$ sur l'espace de Banach des fonctions μ - harmoniques uniformément continues à gauche.

Par définition, $\hat{f}*\nu(g) = \int_{\Pi_\mu} \hat{f}(gx)\, d\nu(x)$. Cette représentation intégrale s'étend à toutes les fonctions μ - harmoniques lorsque l'une des puissances de μ est non singulière par rapport à la mesure de Haar de G (th.I.3., §I.5.). La formule de Poisson classique qui représente les fonctions harmoniques à l'intérieur du disque unité à partir de leurs valeurs sur le bord du disque est un cas particulier de la formule ci-dessus. (cf. [8], introduction).

Remarque I.2: Soit X un espace localement compact à base dénombrable. Soit T une application linéaire positive de C(X) dans C(X) telle que T1 = 1 (ce qui équivaut à la donnée d'une chaîne de Markov sur X, à fonction de transition fellérienne - cf. [6], I, p.51-52). Soit A une sous-algèbre fermée de C(X) invariante par T. Une démonstration analogue à celle du théorème I.1. montre que l'espace des solutions dans A de l'équation $Tf = f$, $f \in A$ est isométrique à C(Y) où Y est un espace compact (dépendant de A).

I-3 MESURES CONTRACTILES:

Dans les paragraphes I-3 et I-4 nous nous efforcons de caractériser le couple (Π_μ,ν) parmi les couples (X,λ) où X est un G-espace compact et λ une mesure de probabilité sur X.

Définition I.3.: Soient X un G-espace compact et $\lambda \in M^1(X)$. Nous appelons u_λ l'application linéaire de C(X) dans C(G) définie par

$$u_\lambda(f) = f*\lambda \qquad (f \in C(X))$$

Remarquons que $u_\lambda(f)$ est en fait uniformément continue à gauche et bornée, et que u_λ est équivariante. Avec ces notations, l'isométrie j de $C(\Pi_\mu)$ sur H_μ (th. I.1 et cor.) n'est autre que u_ν .

Théorème I.2: Soient X un G-espace compact, λ une mesure de probabilité sur X. Les propriétés suivantes sont équivalentes:

a) Pour tout $x \in X$, la mesure δ_x est vaguement adhérente à l'ensemble de mesures $\{ g\lambda \mid g \in G \}$;

b) pour tout $x \in X$, la mesure δ_x est vaguement adhérente à l'ensemble des mesures $\{ \theta*\lambda \mid \theta \in M^1(G) \}$;

c) l'application u_λ (déf. I.3) est une isométrie de C(X) dans C(G) .

Lorsque X est à base dénombrable, la propriété suivante est équivalente aux précédentes:

d) Il existe une partie dénombrable dense D de X et une partie borélienne A de X portant λ telles que pour tout $x \in D$, il existe une suite (g_n) dans G vérifiant

$$\lim_{n \to \infty} g_n y = x \quad , (y \in A) .$$

(a)⇒ (b) L'implication est triviale

(b)⇒ (c) La définition de u_λ entraîne

$$|| u_\lambda(f) || \leqslant || f || \quad , (f \in C(X)) .$$

Soient $x \in X$ et $f \in C(X)$. Si *(b)* est réalisée, il existe une suite $\theta_n \in M^1(G)$ telle que

$$f(x) = \lim_{n \to \infty} < f, \theta_n * \lambda > .$$

Mais on a $< f, \theta * \lambda > = < u_\lambda(f), \theta >$ $(f \in C(X), \theta \in M^1(G))$

On a donc

$$| f(x) | \leq \sup_n | \langle u_\lambda(f), \theta_n \rangle | \leq \| u_\lambda(f) \| .$$

Comme x est quelconque, on en déduit que u_λ conserve la norme.

(c)$\Rightarrow$ (a) Soit $x \in X$. Posons

$$F(x) = \{ f \in C(X) |\ o \leq f \leq 1 ; f(x) = 1 \} .$$

Si (c) est réalisée, le lemme I-1 montre que u_λ transforme les fonctions positives de $C(X)$ en fonctions positives. Comme u_λ est une isométrie, on voit que pour toute fonction $f \in F(x)$ et tout $n \geq 1$, l'ensemble fermé $A_{f,n} = \{ g \in G \mid u_\lambda(f)(g) \geq 1 - \frac{1}{n}\}$ est non vide. Puisque u_λ conserve l'ordre, il est clair que

$$A_{f,n} \cap A_{f',n'} \supset A_{\inf(f,f'),\sup(n,n')} \ ; \ (f,f' \in F(x),\ n,n' > 0) \ .$$

Par suite les $(A_{f,n})_{f \in F(x), n>0}$ forment une base de filtre dans G. Soit U un ultrafiltre dans G plus fin que le filtre de base $(A_{f,n})_{f \in F(x), n>0}$. L'image de U par l'application qui à tout élément g de G associe la mesure de probabilité $g\lambda$ est un ultrafiltre U' sur l'ensemble compact $M^1(X)$. Soit ε sa limite vague. On a $\langle f, \varepsilon \rangle = 1$ pour toute fonction f de $F(x)$ donc $\varepsilon = \delta_x$, ce qui démontre (a).

Supposons maintenant X à base dénombrable.

(d) $\Rightarrow$ (a) Soit $x \in X$; soient A une partie borélienne de G portant λ et (g_n) une suite de G tel que

$$\lim_{n \to \infty} g_n y = x \quad , \text{ pour tout } y \in A.$$

Le théorème de convergence dominée montre que $\lim_{n \to \infty} g_n\lambda = \delta_x$.
Si (d) est vérifiée, la fermeture $\overline{G\lambda}$ de l'orbite de λ dans $M^1(X)$ contient donc $\{ \delta_x \mid x \in D \}$. Comme D est dense dans X, l'assertion (a) est établie.

(a)$\Rightarrow$ (d) Soit $x \in X$; supposons (a) réalisée. Comme X est à base dénombrable, il existe une suite (g_n) dans G telle que $\lim_{n \to \infty} g_n\lambda = \delta_x$. Soit (V_p) une suite fondamentale de voisinages de x. Il existe une suite (g'_p) extraite de (g_n) telle que

$$g'_p\lambda(V_p) \geqslant 1 - \frac{1}{2^p} \qquad (p > 0) \quad .$$

Soit $A_N = \bigcap_{p \geqslant N} g'^{-1}_p V_p$; on a

$$\lambda(A_N) \geqslant 1 - 2^{1-N} \quad .$$

Posons $A_x = \bigcup_N A_N$. Il est clair que $\lambda(A_x) = 1$ et $\lim_{p \to \infty} g'_p y = x$, pour tout $y \in A_x$. Soit D une partie dénombrable dense de X. L'ensemble $A = \bigcap_{x \in D} A_x$ vérifie l'assertion (d).

Q.E.D.

Définition I.4 : Soient X un G-espace compact et λ une mesure appartenant à $M^+(X)$; nous dirons que λ est <u>*contractile*</u> *si la mesure de probabilité $\lambda/\|\lambda\|$ vérifie l'une des propriétés équivalentes (a),(b),(c) du théorème I.2.*

• Il est clair, d'après le th. I.2.(c) que si $\mu \in M^1(G)$, le noyau de Poisson ν de μ sur Π_μ est contractile ([8] p.376).
Donnons sous forme de corollaires quelques propriétés élémentaires

des mesures contractiles.

Corollaire 1: Soit λ une mesure contractile sur un G-espace compact X. Toute mesure appartenant à $M^+(X)$ et absolument continue par rapport à λ est contractile.

Si $\alpha \in M^+(X)$ est absolument continue par rapport à λ, alors α est limite en norme d'une suite (α_n) de mesures positives admettant une densité bornée par rapport à λ. Mais α_n est pour chaque n, majorée par un multiple de λ, et donc contractile. d'après le th. I.2 - a. D'autre part le th. I.2 -c montre qu'une limite en norme de mesures contractiles est contractile (si elle est non nulle).

Q.E.D.

* *Corollaire 2: Soit X un G-espace compact à base dénombrable. Pour qu'il existe sur X une mesure contractile, il faut et il suffit que l'ensemble des points de X ayant une orbite dense soit non vide.*

Soit λ une mesure contractile sur X. Il existe (th.I.2.(d) un ensemble D dense dans X et un ensemble borélien A vérifiant $\lambda(A) = ||\lambda||$, tels que chaque point de D soit adhérent à l'orbite de chaque point de A. Si $y \in A$, l'adhérence de l'orbite de y contient l'ensemble dense D et est donc égale à X. Inversement, si $x \in X$ a une orbite dense dans X, la mesure δ_x est contractile.

Q.E.D.

I-4 MESURES CONTRACTILES ET μ - INVARIANTES

Définition I.5.: Soit X un G-espace localement compact; soient μ et λ des mesures appartenant respectivement à $M^1(G)$ et $M^+(X)$ nous dirons que λ est <u>μ - invariante</u> si $\mu*\lambda = \lambda$.

Un calcul immédiat montre que pour que λ soit μ - invariante, il faut et il suffit que l'application u_λ (déf.I.3.) envoie C(X) dans H_μ. En particulier le noyau de Poisson de μ sur Π_μ est μ - invariant (cf.[8] P.374) Il existe donc sur Π_μ des mesures qui sont à la fois contractiles et μ - invariantes, le noyau de Poisson est un exemple d'une telle mesure. La proposition suivante montre que le couple (Π_μ,ν) détermine tous les exemples d'une telle situation.

Proposition I.2: Soit $\mu \in M^1(G)$; soient ν et Π_μ le noyau et l'espace de Poisson de μ; soit H_μ l'espace des fonctions μ- harmoniques uniformément continues à gauche. Soient X un G-espace compact et $\lambda \in M^1(X)$. Les propriétés suivantes sont équivalentes:

a) l'application u_λ (déf.I.3.) est une isométrie de C(X) dans H_μ ;

b) la mesure λ est μ - invariante et contractile ;

c) il existe une application équivariante q de Π_μ dans $M^1(X)$ telle que $q(\Pi_\mu)$ contienne toutes les mesures ponctuelles appar-

tenant à $M^1(X)$, et telle que le barycentre de $q(\nu)$ soit égal à λ.

Lorsque ces propriétés sont vérifiées, le couple (X, λ) determine q de facon unique.

(a) $\Leftrightarrow$ (b) C'est une conséquence directe d'une remarque faite plus haut et du th. I.2.c.

(a) $\Rightarrow$ (c) Supposons que u_λ soit une isométrie de C(X) dans H_μ. Par composition avec u_ν^{-1}, on obtient une isométrie $p = u_\nu^{-1} \circ u_\lambda$ de C(X) dans $C(\Pi_\mu)$ telle que $p(1) = 1$. Soit q l'application duale de $M(\Pi_\mu)$ dans M(X). D'après la prop. I.1., on a

$$X \subset q(\Pi_\mu) \subset M^1(X).$$

Comme p est équivariante, q est aussi équivariante. Soit α le barycentre de la mesure $q(\nu)$ (qui est une mesure sur $M^1(X)$). Si $f \in C(X)$, on a

$$< f,\alpha > = \int_{\Pi_\mu} <f,q(y)> \quad d\nu(y) = < p(f), \nu > = u_\nu[p(f)](e)$$

La définition de p entraîne

$$u_\nu[p(f)](e) = u_\lambda(f)(e) = < f,\lambda > .$$

Par suite $\lambda = \alpha$.

c) $\Rightarrow$ b) Soit q une application équivariante de Π_μ dans $M^1(X)$ telle que $q(\Pi_\mu) \supset X$ et soit λ le barycentre de $q(\nu)$. Comme q est équivariante, on vérifie que $\mu * \nu = \nu$ implique $\mu * \lambda = \lambda$. Soit $x \in X$; par hypothèse, il existe $y \in \Pi_\mu$ tel que $q(y) = x$. Comme ν est contractile, il existe un filtre F de parties de $G.\nu$

qui converge vers δ_y. L'application r de $M^1(\Pi_\mu)$ dans $M^1(X)$ qui à chaque mesure $\theta \in M^1(\Pi_\mu)$ associe le barycentre de $q(\theta)$ est clairement équivariante. L'image de F par r est un filtre de parties de $G.\lambda$ qui converge vers $r(\delta_y)$, c'est à dire vers δ_x. La mesure λ est donc contractile et μ - invariante, ce qui établit l'équivalence de (a),(b),(c). Supposons ces propriétés vérifiées. Soit s une application équivariante de Π_μ dans $M^1(X)$ telle que le barycentre de $s(\nu)$ soit égal à λ . Le prolongement (noté encore s) de s en une application affine de $M^1(\Pi_\mu)$ dans $M^1(X)$ est équivariant. L'équivariance de s et q montre que s et q coincident sur $\overline{G\nu}$. Mais ν étant contractile, $\overline{G\nu}$ contient Π_μ , et s coincide avec q.

Q.E.D.

__Remarque I.3__: La proposition précédente montre que, pour que u_λ soit une isométrie de C(X) __sur__ H_μ , il faut et il suffit qu'il existe un isomorphisme q de Π_μ sur X tel que $q(\nu) = \lambda$. En particulier, tout isomorphisme de Π_μ sur lui-même fournit un autre noyau de Poisson sur Π_μ . Nous décrivons en détail cette situation au ch.II, page 53.

__Remarque I.4__: Si q est une application équivariante de Π_μ dans $M^1(X)$ telle que $q(\Pi_\mu) \supset X$, il existe une partie fermée Y de Π_μ , stable par G, telle que $q(Y) = X$. Mais inversement, étant donné une telle application q de Y sur X, il n'est pas toujours possible de la prolonger en une application équivariante de Π_μ dans $M^1(X)$. Dans le cas particulier suivant, la situation est considérablement plus simple.

Proposition I.3: Soient $\mu \in M^1(G)$, Π_μ son espace de Poisson ν son noyau de Poisson. Soit X un G-espace compact. Supposons que G soit transitif sur Π_μ. Pour qu'il existe sur X une mesure de probabilité λ, contractile et μ - invariante, il faut et il suffit qu'il existe une application équivariante et surjective q de Π_μ sur X telle que $q(\nu) = \lambda$. La donnée du couple (X,λ) détermine q de façon unique.

Si G est transitif sur Π_μ, toute partie non vide de Π_μ stable par G est identique à Π_μ. Le résultat se déduit directement de la remarque I.4.

Q.E.D.

Désormais, nous nous limiterons le plus souvent à l'étude des cas où G est transitif sur Π_μ. Nous verrons que la famille des groupes G tels que G soit transitif sur Π_μ pour toute mesure $\mu \in M^1(G)$ non singulière par rapport à la mesure de Haar de G est raisonnablement étendue.

Définition I.6: Soient Π et Π' deux G-espaces; nous dirons que Π est plus grand que Π' s'il existe une application équivariante surjective de Π sur Π'.

Définition I.7: Soit $\mu \in M^1(G)$; nous noterons J_μ la famille *des espaces homogènes compacts* Π *de* G *tels qu'il existe dans* $M^1(\Pi)$ *des mesures qui soient à la fois contractiles et* μ *- invariantes.*

Proposition I.4: Soient $\mu \in M^1(G)$, Π_μ *son espace de Poisson,* J_μ *la famille d'espaces homogènes de* G *associée à* μ *(def. I.7). Si* G *est transitif sur* Π_μ , Π_μ *est un élément maximum de* J_μ *; si, de plus* G *contient un sous-groupe compact transitif sur* Π_μ *, tout élément maximum de* J_μ *est isomorphe à* Π_μ *. Soit* μ' *une autre mesure dans* $M^1(G)$ *telle que* G *soit transitif sur* $\Pi_{\mu'}$ *. Pour que* Π_μ *soit plus grand que* $\Pi_{\mu'}$*, il faut et il suffit que* J_μ *contienne* $J_{\mu'}$*.*

La première et la dernière assertion sont des conséquences immédiates de la prop I.3. La seconde assertion résulte du

Lemme I.2: Soit K *un groupe compact,* K/H *et* K/H' *deux espaces homogènes de* K*. S'il existe deux applications équivariantes* p *de* K/H *sur* K/H' *et* q *de* K/H' *sur* K/H*,* p *et* q *sont nécessairement des isomorphismes.*

L'hypothèse entraîne l'existence de $g, h \in K$, tels que

$$H \subset gH'g^{-1} \qquad \text{et} \qquad H' \subset hHh^{-1} ,$$

d'où l'on tire,

$$H \subset gH'g^{-1} \subset gh\,Hh^{-1}g^{-1} .$$

L'ensemble $\{ k \in K \mid H \subset kHk^{-1} \}$ est un semi-groupe compact. C'est donc un groupe. Par suite on a

$$H \subset (gh)^{-1} Hgh$$

On en déduit que $H = gH'g^{-1}$, et de même, que $H' = hHh^{-1}$.

Q.E.D.

Proposition I.5: Soit $\mu \in M^1(G)$; soit X un espace homogène compact de G ; l'ensemble K des mesures μ - invariantes appartenant à $M^1(X)$ est convexe, compact et non vide; il existe une bijection naturelle entre K et l'ensemble des applications équivariantes de Π_μ dans $M^1(X)$. Lorsque G est transitif sur Π_μ, toute mesure μ - invariante et contractile appartenant à $M^1(X)$ est un point extrémal de K.

La première assertion est une conséquence du théorème de point fixe de Markov - Kakutani. Pour démontrer la seconde assertion, il suffit d'associer à toute mesure $\lambda \in K$ la restriction q à Π_μ de l'application duale de $u_\nu^{-1} \circ u_\lambda$ (cf. def.I.3). La mesure λ est alors le barycentre de la mesure $q(\nu)$. Supposons G transitif sur Π_μ. Soient x_0 un point de Π_μ, et H le groupe de stabilité de x_0. Une application équivariante de Π_μ dans $M^1(X)$ est déterminée par la donnée de $q(x_0)$, qui est une mesure invariante par H. On établit ainsi une bijection r entre l'ensemble K et l'ensemble convexe fermé L des points de $M^1(X)$ invariants par H et il est évident que r est affine ; (ce résultat est démontré par Furstenberg dans [9]Th.2.1,p.388).S'il existe $\lambda \in M^1(X)$ qui soit μ - invariante et contractile, l'application q de Π_μ dans $M^1(X)$ associée à λ, est en fait une application de Π_μ sur X (prop.I.2.

et I.3); la mesure $q(x_o)$ est donc ponctuelle, et par suite extrémale dans L. La bijection r entre K et L étant affine, on voit que λ est extrémale dans K.

Q.E.D.

I.5. HYPOTHESES DE REGULARITE SUR LA MESURE μ :

Dans la suite de ce chapitre nous désignons par m_G une mesure de Haar invariante à droite sur G. Dans [8] Furstenberg étudie essentiellement le cas des mesures μ absolument continues par rapport à m_G. Nous utilisons l'hypothèse plus faible suivante.

Définition I.8: Nous dirons qu'une mesure $\mu \in M^1(G)$ est étalée si elle vérifie l'une des conditions équivalentes suivantes:

a) Il existe un entier n tel que μ^n ne soit pas singulière par rapport à m_G.

b) Il existe un entier p tel que μ^p majore un multiple de m_G sur un sous-ensemble ouvert non vide de G.

Il est évident que (b) implique (a). Inversement si (a) est vérifiée, il existe un entier n et une fonction positive bornée mesurable f telle que $\mu^n > f.m_G$. Il est clair que μ^{2n} majore un multiple de m_G sur un sous-ensemble ouvert de G, car f_*f est continue et positive (cf. [8] lemme 3.3 p.360).

La notion de "smooth measure" sur une variété, utilisée dans [8] est naturellement remplacée par celle de mesure quasi-invariante (Mackey [17]). Rappelons en la définition.

Définition I.9: Soit X un G-espace. Une mesure borélienne positive m sur X, finie sur les compacts, est dite quasi-invariante si les mesures m et gm sont équivalentes pour tout $g \in G$.

Mackey montre dans [17] que si X est un espace homogène de G, il existe des mesures quasi-invariantes sur X et que deux quelconques d'entre elles sont toujours équivalentes; nous dirons qu'un sous-ensemble borélien de X est négligeable s'il est de mesure nulle pour une (et donc pour toute) mesure quasi-invariante sur X.

Remarque I.5: Rappelons que si p est une application équivariante de G sur un espace homogène X de G, une partie borélienne E de X est négligeable si et seulement si $p^{-1}(E)$ est négligeable dans G pour m_G ([17] lemme 1.3 p.103).

Lemme I.3: Soient X un G-espace localement compact, θ *et* θ' *deux mesures appartenant à* $M^+(G)$, *et* $\lambda \in M^+(X)$. *Si* $\theta \ll \theta'$, *on a* $\theta * \lambda \ll \theta' * \lambda$. *En particulier, si* θ *est quasi-invariante sur G, la mesure* $\theta * \lambda$ *est quasi-invariante sur X.*

Puisque $\theta \ll \theta'$, θ est limite en norme d'une suite θ_n de mesures ayant une densité bornée par rapport à θ'. Les mesures θ_n étant majorées par des multiples de θ', les mesures $\theta_n * \lambda$ sont majorées par des multiples de $\theta' * \lambda$, et à fortiori sont absolument continues par rapport à $\theta' * \lambda$. Comme λ est bornée, $\theta * \lambda$

est limite en norme de $\theta_n * \lambda$, et par suite, on a

$\theta * \lambda \ll \theta' * \lambda$.

Supposons θ quasi-invariante. Puisque θ est équivalente à $g\theta$ pour $g \in G$, le résultat ci-dessus implique que $\theta * \lambda$ est équivalente à $g\theta * \lambda$, c'est à dire à $g(\theta * \lambda)$. La mesure $\theta * \lambda$ est donc quasi-invariante.

Q.E.D.

* *Proposition I.6: Soit* μ *une mesure de probabilité étalée sur* G. *Toute fonction* μ *- harmonique est alors continue.*

Puisque μ est étalée, il existe un entier n tel que μ^n soit non singulière par rapport à m_G. Pour tout entier p, soient α_p et σ_p les parties absolument continues et singulières de μ^{np} par rapport à m_G. On a

$$\alpha_p + \sigma_p = (\mu^n)^p = (\alpha_1 + \sigma_1)^p = \beta_p + (\sigma_1)^p$$

où β_p est une mesure absolument continue par rapport à m_G. Par suite on a

$$\sigma_p \leqslant (\sigma_1)^p \quad , (p \geqslant 1) \quad ,$$

et à fortiori $\quad || \sigma_p || \leqslant || \sigma_1 ||^p \quad , (p \geqslant 1)$.

Comme $\sigma_1 \neq o$, on a, en posant $b = || \sigma_1 || < 1$

$$(1) \quad || \mu^{np} - \alpha_p || \leqslant b^p \quad , (p \geqslant 1) \quad .$$

Soit f une fonction μ - harmonique. On a $f = f*\mu^{np}$ pour tout p ; d'après (1) on peut écrire

$$\| f - f*\alpha_p \|_\infty = \| f*\mu^{np} - f*\alpha_p \|_\infty \leq \| f \|_\infty b^p$$

La fonction f est donc limite uniforme des fonctions $f*\alpha_p$. Mais la convolution d'une fonction de $L_\infty(m_G)$ par une fonction de $L_1(m_G)$ est une fonction continue. Les fonctions $f*\alpha_p$ sont donc continues, et par suite f est continue.

Q.E.D.

Proposition I.7: Soient μ *une mesure de probabilité étalée sur* G*, et* X *un* G*-espace localement compact. Si* $\lambda \in M^1(X)$ *est* μ*- invariante, il existe une mesure quasi-invariante* ε *sur* X *telle que* λ *soit absolument continue par rapport à* ε *.*

Reprenons les notations de la démonstration précédente. D'après (1) on a, pour un b tel que $o < b < 1$,

$$\| \lambda - \alpha_p*\lambda \| = \| \mu^{np}*\lambda - \alpha_p*\lambda \| \leq b^p \qquad (p > 1) .$$

Soit m' une mesure positive bornée équivalente à m_G. On a $\alpha_p << m'$, ce qui entraîne $\alpha_p*\lambda << m'*\lambda$ (lemme I.3). Comme λ est limite en norme des $\alpha_p*\lambda$, on en déduit que $\lambda << m'*\lambda$. D'autre part $m'*\lambda$ est quasi-invariante d'après le lemme I.3.

Q.E.D.

* *Théorème I.3: Soit* μ *une mesure de probabilité étalée sur* G *;*

soient ν *et* Π_μ *le noyau et l'espace de Poisson de* μ *.*
L'espace des fonctions μ *- harmoniques muni de la norme de la convergence uniforme est un espace de Banach E , et il existe une mesure quasi-invariante* ε *sur* Π_μ *telle que l'application de* $L_\infty(\Pi_\mu,\varepsilon)$ *dans E définie par* $f \to f*\nu$ *,* $(f \in L_\infty(\Pi_\mu,\varepsilon))$ *soit un isomorphisme d'espaces de Banach.*

Nous nous inspirons d'une démonstration de [8] (p.380 th.5-4) qui traite un cas particulier de ce théorème. Soit (α_n) une suite de fonctions positives à supports compacts, dont les supports forment une suite fondamentale de voisinages de e dans G, et telles que $< \alpha_n, m_G > = 1$. Soit f une fonction dans $L_\infty(m_G)$. Il est facile de vérifier les deux résultats suivants:

a) $f_n = \int L_g f \; \alpha_n(g) \; dm_G(g)$ est uniformément continue à gauche.

b) pour toute fonction $F \in L_1(m_G)$, on a

(1) $$\lim_{n \to \infty} \int f_n(g) \; F(g) \; dm_G(g) = \int f(g) \; F(g) \; dm(g) \; .$$

Soit f une fonction μ- harmonique; les fonctions f_n sont alors μ - harmoniques uniformément continues à gauche. Il existe donc des fonctions $\hat{f}_n \in C(\Pi_\mu)$ telles que (2) $f_n = \hat{f}_n * \nu$, $(n > o)$.
La mesure ν est μ- invariante et μ est étalée ; il existe donc (prop. I.7) une mesure quasi-invariante ε sur Π_μ telle que $\nu << \varepsilon$, ce qui entraîne $g\nu << \varepsilon$ pour tout $g \in G$. Soit (F_p) une suite dense dans $L_1(m_G)$. Posons (intégrale forte dans $L_1(\Pi_\mu,\varepsilon)$)

(3) $$H_p(x) = \int_G F_p(g) \; \frac{dg\nu}{d\varepsilon}(x) \; dm_G(g) \quad , \quad (x \in \Pi_\mu) \; .$$

Il est évident que $H_p \in L_1(\Pi_\mu,\varepsilon)$. La définition montre que $\|f_n\|_\infty \leq \|f\|_\infty$. Comme $\|\hat{f}_n\|_\infty = \|f_n\|_\infty$, les fonctions $\hat{f}_n$ appartiennent à une partie bornée de $L_\infty(\Pi_\mu,\varepsilon)$. Les parties bornées de $L_\infty(\Pi_\mu,\varepsilon)$ sont relativement compactes pour la topologie * - faible. Comme la suite (H_p) est une famille dénombrable d'éléments du dual de $L_\infty(\Pi_\mu,\varepsilon)$, il existe une sous-suite de la suite $(\hat{f}_n)$ - que nous noterons encore $(\hat{f}_n)$ - et un élément $\hat{f}$ de $L_\infty(\Pi_\mu,\varepsilon)$ tels que, pour tout $p > o$

$$(4) \quad \lim_{n\to\infty} \int_{\Pi_\mu} \hat{f}_n(x)H_p(x)\, d\varepsilon(x) = \int_{\Pi_\mu} \hat{f}(x)H_p(x)\, d\varepsilon(x)$$

Posons $f' = \hat{f}*\nu$. Montrons que $f' = f$. En tenant compte de (3) et (2), l'égalité (4) devient

$$(5) \quad \lim_{n\to\infty} \int f_n(g)F_p(g)\,dm_G(g) = \int f'(g)F_p(g)\,dm_G(g) \quad , (p > o).$$

En comparant (1) et (5) on obtient

$$\int f(g)F_p(g)\,dm_G(g) = \int f'(g)F_p(g)\,dm_G(g) \qquad (p > o)$$

La suite (F_p) étant dense dans $L_1(m_G)$, on en déduit que $f(g) = f'(g)$, m_G - presque partout. Or f et f' sont toutes deux μ - harmoniques, et donc sont continues, puisque μ est étalée (prop. I.6). Par suite $f(g) = f'(g)$ pour tout $g \in G$. On a donc

$$f = \hat{f}*\nu$$

Ceci implique $\|f\|_\infty \leq \|\hat{f}\|_\infty$, car $g\nu \ll \varepsilon$; l'inégalité inverse résulte de la construction de $\hat{f}$ et du fait que $\|\hat{f}_n\|_\infty \leq \|f\|_\infty$. L'application $\hat{f} \to \hat{f}*\nu$ de $L_\infty(\Pi_\mu,\varepsilon)$ dans l'espace E des fonctions μ - harmoniques muni de la norme de la convergence uniforme est donc une isométrie surjective. Par suite, c'est un isomorphisme d'espaces de Banach.

Q.E.D.

II. CARACTERISATION DE L'ESPACE DE POISSON

(CAS DES ESPACES HOMOGENES)

II.1. INTRODUCTION:

Les prop I.3 et I.4, et le th I.3 montrent l'importance du cas où l'espace de Poisson d'une mesure de probabilité sur un groupe G est un espace homogène de G. Nous consacrons ce chapitre à dégager quelques conséquences remarquables de cette propriété qui justifieront et permettront l'étude de la classe de groupes définie ci-dessous.

Définition II.1: Soit G un groupe localement compact à base dénombrable. Nous dirons que G est de type (T) si pour toute mesure étalée $\mu \in M^1(G)$ (déf.I.8), G est transitif sur l'espace de Poisson de μ.

En utilisant des résultats classiques il est facile de montrer que les groupes abéliens connexes et les groupes compacts sont de type (T). Nous retrouverons ces résultats comme cas particuliers de théorèmes plus généraux (ch.IV). Dans la littérature, la seule étude détaillée d'une classe nontriviale de groupes de type (T) est dûe à Furstenberg.

Théorème II.1: (Furstenberg [8] th.5.4 p.380) Les groupes de Lie semi-simples connexes et de centre fini sont de type (T).

En fait, Furstenberg se borne à considérer des mesures

$\mu \in M^1(G)$ absolument continues par rapport à la mesure de Haar. Moyennant des modifications mineures, sa démonstration reste valable si on suppose seulement que μ est étalée. Furstenberg donne aussi une description de la famille des espaces homogènes de G susceptibles d'être des espaces de Poisson; nous étendons cette description (§II.5) à tous les groupes de type (T).

II.2: MESURES μ - INVARIANTES ET QUASI - INVARIANTES

Nous établissons quelques résultats préliminaires, qui nous permettront au §II.3 de caractériser l'espace de Poisson.

Lemme II.1: Soient X un espace homogène de G et Q une partie ouverte de X. Soient ε la restriction à Q d'une mesure quasi-invariante bornée sur X, et μ une mesure de probabilité sur G. Si M est le support de μ, il existe une mesure quasi-invariante sur X dont la restriction à M.Q coïncide avec celle de la mesure $\mu_*\varepsilon$.

Soit θ une mesure quasi-invariante bornée sur X. Il est évident que $\mu_*\varepsilon \ll \theta$. Soit B une partie borélienne de M.Q telle que $\mu_*\varepsilon(B) = \emptyset$; montrons que $\theta(B) = \emptyset$. Soit K une partie compacte de B. Puisque $\mu_*\varepsilon(K) = \emptyset$ l'ensemble H des $h \in G$ tels que $\varepsilon(h^{-1}K) = \emptyset$ est de mesure 1 pour μ , et par suite est dense dans le support M de μ . Soit $x = gy$ avec $g \in M$ et $y \in Q$. Puisque $y = g^{-1}x \in Q$, pour h assez proche de g , on a $h^{-1}x \in Q$; on peut donc trouver $h \in H$ et

$z \in Q$ tels que $x = hz$, ce qui montre que les ensembles ouverts $(hQ)_{h \in H}$ recouvrent MQ. On peut en extraire un recouvrement fini de K, soit $(h_iQ)_{1 \leq i \leq p}$. Puisque $\varepsilon(h_i^{-1}K) = o$, on voit que $\theta(h_i^{-1}K \cap Q) = 0$. Par la quasi invariance de θ, on a $\theta(K \cap h_iQ) = 0$, pour tout i, et par suite $\theta(K) = 0$. Comme K est une partie compacte quelconque de B, on a $\theta(B) = 0$. La restriction de $\mu * \varepsilon$ à M.Q est équivalente à la restriction de θ à M.Q, donc est la restriction à M.Q d'une mesure équivalente à θ et par suite quasi-invariante.

Q.E.D.

Lemme II.2: Soient μ une mesure de probabilité étalée sur G, et λ une mesure de probabilité μ - invariante sur un espace homogène X de G. Alors il existe une partie ouverte non vide de X sur laquelle λ domine une mesure quasi-invariante.

Puisque μ est étalée, il existe un entier p, une partie ouverte U (relativement compacte) de G, et une mesure de Haar invariante à gauche α sur G tels que $\mu^p \geq I_U . \alpha$. Comme $\mu^p * \lambda = \lambda$, il suffit donc de montrer que $(I_U\alpha) * \lambda$ domine une mesure quasi-invariante sur une partie ouverte non vide Q de X. Soit $f \in L_1(\alpha)$ telle que f soit strictement positive sur G. La mesure $f.\alpha$ est quasi-invariante et bornée sur G ; par suite $(f.\alpha) * \delta_{x_o}$ (où $x_o \in X$) est quasi-invariante sur X ; on a alors $\lambda << (f.\alpha) * \delta_{x_o}$, car μ est étalée (Prop.I.7). Soit ℓ la densité de λ par rapport à $(f.\alpha)*\delta_{x_0}$ et soit ϕ une fonction borélienne positive sur X. On a

$$< \phi,(I_U\alpha)*\lambda > \; = \int I_U(h)\,d\alpha(h) \int \phi(hgx_0)\,\ell(gx_0)\,f(g)\,d\alpha(g)$$

On pose $F(g) = \ell(g^{-1}x_0)\,f(g^{-1})$, $(g \in G)$,

et $H(g) = \int I_U(h)\,d\alpha(h)\,F(g^{-1}h)$, $(g \in G)$.

On obtient facilement

$$< \Phi,(I_U\alpha)*\lambda > \; = \int \Phi(gx_0)\,H(g)\,d\alpha(g) \; .$$

Mais F est localement intégrable par rapport à α , car λ est de masse 1 ; ceci entraîne la continuité de la fonction H. Puisque $H \neq 0$, il existe donc une partie ouverte V non vide de G et un nombre $a > 0$ tels que $H(g) > a$ pour $g \in V$; on obtient

$$(1) \quad < \Phi,(I_U\alpha)*\lambda > \; \geqslant a \int I_V(g)\,\Phi(gx_0)\,d\alpha(g)$$

Soit G' le stabilisateur de x_0 dans G. Par changement de variable, (1) devient

$$(2) \quad < \Phi,(I_U\alpha)*\lambda > \; \geqslant a\,\Delta(g') \int I_{Vg'}(g)\,\Phi(gx_0)\,d\alpha(g) \; , \; (g' \in G') \; .$$

Supposons que $< \Phi,(I_U\alpha)*\lambda > \; = 0$. D'après (2) on a alors

$$\int I_{Vg'}(g)\,\Phi(gx_0)\,d\alpha(g) = 0 \quad , \text{pour tout } g' \in G' \; .$$

Puisque V est ouvert et G à base dénombrable, on en déduit que

$$\int I_{VG'}(g)\,\Phi(gx_0)\,d\alpha(g) = 0 \quad ,$$

ce qui s'écrit en posant $W = V.x_0$

$$\int I_W(gx_o)\ \phi(gx_o)\ d\alpha(g) = o \quad .$$

La restriction à W de la mesure quasi-invariante $(f.\alpha)*\delta_{x_o}$ est donc absolument continue par rapport à λ .

Q.E.D.

Définition II.2: Soit $\mu \in M^1(G)$. Nous notons T_μ le semi-groupe fermé engendré par le support de μ (c'est-à-dire le plus petit sous-ensemble fermé de G stable pour le produit dans G , et contenant le support de μ).

Lemme II.3: Soit T un semi-groupe fermé de G. Les propriétés suivantes sont équivalentes:

a) Il existe une mesure étalée $\mu \in M^1(G)$ telle que $T_\mu = T$.

b) L'intérieur de T n'est pas vide.

c) T est de mesure de Haar strictement positive.

En effet, (a) implique (b) d'après la déf. I.8-b, et (c) résulte trivialement de (b) . Pour voir que (c) entraîne (a), il suffit de prendre pour μ la demi-somme de la restriction à T d'une mesure de probabilité équivalente à m_G et de la mesure $\sum_{n=1}^{\infty} \frac{1}{2^n} \delta_{y_n}$ où (y_n) est une suite dense dans T (def. I.8-a).

Q.E.D.

Lemme II.4: Soient μ une mesure de probabilité sur G et T_μ le semi-groupe associé ; soit λ une mesure de probabilité

μ - invariante sur un espace homogène X de G. Si λ domine une mesure quasi-invariante sur une partie ouverte Q de X, alors λ domine une mesure quasi-invariante sur l'ensemble ouvert $T_\mu . Q$.

Posons $\theta = \sum_{n=1}^{\infty} \frac{1}{2^n} \mu^n$; le support de θ est exactement T_μ, et on a $\theta * \lambda = \lambda$. Par hypothèse, il existe une mesure quasi-invariante dont la restriction ε à l'ensemble ouvert Q est dominée par λ. On a donc (d'après un résultat analogue au lemme I.3), $\theta*\varepsilon \ll \theta*\lambda = \lambda$. Il existe (lemme II.1) une mesure quasi-invariante ε' ayant même restriction à $T_\mu . Q$ que $\theta * \varepsilon$. Donc λ domine ε' sur $T_\mu . Q$.

Q.E.D.

Lemme II.5: Soient μ une mesure de probabilité sur G et T_μ le semi-groupe associé; soit λ une mesure de probabilité μ-invariante sur un espace homogène X de G. Si U est une partie borélienne de X telle que $T_\mu . U \subset U$, la restriction de λ à U est une mesure μ-invariante.

Posons $\rho = I_U . \lambda$, et soit $f \in C(X)$. On a

$$< f, \mu*\rho > = \iint f(gx)\, I_U(x)\, d\mu(g)\, d\lambda(x) \quad ;$$

l'intégrale se calcule en fait sur Supp(μ) x U. Mais Supp(μ) x $U \subset T_\mu . U \subset U$. L'intégrale peut alors s'écrire

$$\iint f(gx)\, I_U(gx)\, I_U(x)\, d\mu(g)\, d\lambda(x) \quad ,$$

ce qui donne

$$< f, \mu*\rho > \; = \; < I_U f, \mu*\rho > \quad , (f \in C(X)) \quad ,$$

et par suite $\mu*\rho = I_U(\mu*\rho)$. D'autre part, on a

$$\lambda = \mu*\lambda \geqslant \mu*\rho \quad ,$$

d'où l'on tire

$$\rho = I_U . \lambda \geqslant I_U(\mu*\rho) = \mu*\rho \quad ;$$

comme ρ et $\mu*\rho$ sont deux mesures de même masse, on a $\rho = \mu*\rho$, et ρ est μ-invariante.

Q.E.D.

Lemme II.6: Soient μ une mesure de probabilité sur G et T_μ le semi-groupe associé. Soit λ une mesure de probabilité contractile et μ-invariante sur un espace homogène X de G. Soit U une partie borélienne de G telle que $T_\mu . U \subset U$. Si G est transitif sur l'espace de Poisson de μ, alors $\lambda(U)$ est égal à 0 ou à 1 .

En effet, soit ρ la restriction de λ à U . La mesure ρ est μ-invariante d'après le lemme II.5, et on a $\lambda \geqslant \rho$. D'après la prop. I.5, la mesure λ est extrémale dans l'ensemble convexe des mesures de probabilité μ-invariantes sur X ; la mesure ρ est donc proportionnelle à λ, si elle est non nulle. Comme $\lambda(U) = \rho(U)$, on a alors $\lambda = \rho$, ce qui entraine $\lambda(U) = 1$.

Q.E.D.

Théorème II.2: Soit $\mu \in M^1(G)$ une mesure étalée telle que G soit transitif sur Π_μ. Soient X un espace homogène compact de G et $\lambda \in M^1(X)$ une mesure contractile et μ-invariante. La mesure λ est alors égale à la restriction d'une mesure quasi-invariante à un ensemble ouvert $Q \subset X$ tel que $T_\mu . Q \subset Q$; pour tout point x du support de λ, on a $\lambda(T_\mu . x) = 1$ et $Supp(\lambda) = \overline{T_\mu . x} = \overline{Q}$

D'après le lemme II.2, λ domine une mesure quasi-invariante sur un ensemble ouvert non vide $Q_1 \subset X$. La mesure λ domine donc une mesure quasi-invariante ε sur l'ensemble ouvert $Q = T_\mu . Q_1$ (lemme II.4). Il est évident que $Q \subset \text{Supp}(\lambda)$ et que $T_\mu . Q \subset Q$. Comme $\lambda(Q)$ est non nul, le lemme II.6 implique que $\lambda(Q) = 1$. D'après la prop. I.7, λ est absolument continue par rapport à ε . On voit donc que λ est équivalente à la restriction à Q de ε. On en déduit facilement que λ est la restriction à Q d'une mesure quasi-invariante. Les mesure quasi-invariantes chargent tout ensemble ouvert non vide, ce qui montre que $\text{Supp}(\lambda) = \overline{Q}$.

Soit $x \in \text{Supp}(\lambda)$. On a évidemment $T_\mu . \text{Supp}(\lambda) \subset \text{Supp}(\lambda)$, et par suite $T_\mu . x \subset \overline{Q}$. L'ensemble fermé T_μ dans G est réunion dénombrable d'ensembles compacts; l'ensemble $T_\mu . x$ est donc un sous-ensemble borélien de X. D'après le lemme II.3, $T_\mu . x$ contient un ensemble ouvert non vide V . Puisque $V \subset \overline{Q}$, l'intersection $V \cap Q$ est un ensemble ouvert non vide; mais on vient de voir que λ charge tout sous-ensemble ouvert non vide de Q ; on a donc $\lambda(T_\mu.x) \neq 0$. Le lemme II.6 montre alors que $\lambda(T_\mu.x) = 1$. En tenant compte de l'inclusion $T_\mu.x \subset \mathrm{Supp}(\lambda)$ on obtient $\overline{T_\mu.x} = \mathrm{Supp}(\lambda)$.

Q.E.D.

II.3 CARACTERISATION DE L'ESPACE DE POISSON

Le théorème suivant caractérise la famille J_μ d'espaces homogènes introduite au §I.4 (déf. I.7).

Théorème II.3: Soient $\mu \in M^1(G)$, et T_μ le semi-groupe associé; soit X un espace homogène compact de G. Supposons μ étalée. Alors, pour qu'il existe sur X une mesure contractile et μ-invariante, il faut et il suffit qu'il existe $x \in X$ et une suite (g_n) dans G tels que l'on ait $\lim_{n\to\infty} g_n y = x$ pour tous les points $y \in T_\mu.x$ sauf peut-être ceux d'un ensemble négligeable (déf. I.9).

Soit $\lambda \in M^1(X)$ une mesure contractile et μ-invariante. Puisque μ est étalée, les lemmes II.2 et II.4 montrent qu'il existe un sous-ensemble ouvert non vide Q de X tel que $T_\mu.Q \subset Q$, sur lequel λ domine une mesure quasi-invariante. Soit ε la restriction de cette mesure quasi-invariante à l'ensemble borélien $T_\mu.x$, où x est un point quelconque de Q.

Comme λ est contractile, la mesure ε est contractile (th I.2, cor 1) . Comme la topologie de X est à base dénombrable, le th I.2-d assure l'existence d'un ensemble borélien $A \subset X$ tel que $\varepsilon(A) = \varepsilon(X)$, d'un point $y \in X$, et d'une suite (g_n) de points de G, tels que pour tout $z \in A$ on ait $\lim\limits_{n \to \infty} g_n z = y$. Mais par construction ε est portée par $T_\mu.x$, qui est donc inclus dans A , à un ensemble négligeable près.

Inversement, soient x et y deux points de X et (g_n) une suite de points de G tels que pour tout $z \in T_\mu.x$, sauf peut-être pour les points z appartenant à un sous-ensemble négligeable de $T_\mu.x$, on ait $\lim\limits_{n \to \infty} g_n z = y$. Soit V un ensemble ouvert non vide contenu dans $T_\mu.x$ et soit $U = T_\mu.V$. On a alors $T_\mu.U \subset U$ ce qui implique $T_\mu.\overline{U} \subset \overline{U}$. Si θ est une mesure de probabilité quelconque à support dans $\overline{U}$, $\mu*\theta$ a aussi son support dans $\overline{U}$. Mais $\overline{U}$ est compact; le théorème de point fixe de Markov-Kakutani prouve alors l'existence d'une mesure de probabilité θ à support dans $\overline{U}$ telle que $\mu*\theta = \theta$. D'après le lemme II.2, la mesure θ domine une mesure quasi-invariante sur une partie ouverte non vide W de X, nécessairement incluse dans $\overline{U}$. Par suite, $W \cap U$ est non vide, et la restriction ρ de θ à U est une mesure non nulle. Le lemme II.5 montre que ρ est μ-invariante. Montrons que ρ est contractile. Comme μ est étalée, il resulte de la prop. I.7 que les sous-ensembles négligeables de X sont de mesure nulle pour ρ . D'autre part on a

$$U = T_\mu.V \subset T_\mu.(T_\mu.x) \subset T_\mu.x$$

ce qui implique que ρ est portée par $T_\mu . x$. L'hypothèse faite sur $T_\mu . x$ et le th. I.2-d montrent alors que ρ est contractile.

Q.E.D.

Corollaire: Pour toute mesure $\mu \in M^1(G)$ soient T_μ le semi-groupe associé à μ et J_μ la famille des espaces homogènes compacts X de G tels qu'il existe dans $M^1(X)$ une mesure contractile et μ-invariante. Lorsque μ est étalée, la famille J_μ ne dépend que de T_μ ; de plus si μ_1 et μ_2 sont des mesures étalées appartenant à $M^1(G)$ et si $T_{\mu_1} \supset T_{\mu_2}$, on a $J_{\mu_1} \subset J_{\mu_2}$.

Théorème II.4: Soient $\mu_i (i = 1,2)$ des mesures de probabilité étalées sur G et T_{μ_i} le semi-groupe fermé engendré par le support de μ_i . Supposons G transitif sur les espaces de Poisson Π_{μ_1} et Π_{μ_2} . Alors, si $T_{\mu_1} \supset T_{\mu_2}$, l'espace Π_{μ_2} est plus grand que l'espace Π_{μ_1} (def.I.6). Si $T_{\mu_1} = T_{\mu_2}$, les espaces Π_{μ_1} et Π_{μ_2} sont isomorphes.

La première assertion résulte du corollaire du th. II.3 et de la prop. I.4. Etudions le cas où $T_{\mu_1} = T_{\mu_2} = T$. Chacun des deux espaces Π_{μ_1} et Π_{μ_2} est alors plus grand que l'autre, mais ceci ne suffit pas à prouver qu'ils sont isomorphes. Soit ν_i le noyau de Poisson associé à μ_i sur Π_{μ_i} . On a vu que ν_i est contractile et μ_i-invariante. Il existe donc (th. II.2) un sous-ensemble ouvert non vide Q de Π_{μ_2} tel que $T.Q \subset Q$ et $Supp(\nu_2) = \overline{Q}$, et tel que ν_2 soit la restriction à Q d'une mesure quasi-invariante sur Π_{μ_2}. Comme $T.\overline{Q} \subset \overline{Q}$, il existe une mesure de probabilité η à support dans $\overline{Q}$ telle que $\mu_1 * \eta = \eta$. Il existe (lemmes II.2 et II.4) un sous-ensemble ouvert non vide U de Π_{μ_2} tel que η domine une mesure quasi-invariante sur U et tel que $T.U \subset U$. Il est clair que $U \subset \overline{Q}$; l'intersection $U \cap Q$ est donc ouverte et non vide. Soit y un point de U. L'ensemble T.y est inclus dans U et est d'intérieur non vide (lemme II.3) ; la restriction θ de η à T.y est donc non-nulle. D'autre part, θ est μ_1-invariante (lemme II.5). La prop. I.7 et le choix de U impliquent que θ est la restriction à T.y d'une mesure quasi-invariante. Comme $y \in \mathrm{Supp}(\nu_2)$, le th II.2 montre que ν_2 est aussi la restriction à T.y d'une mesure quasi-invariante. Les mesures ν_2 et θ sont donc équivalentes. On en déduit que, ν_2 étant contractile, θ est contractile (cor. 1 du th. I.2). Mais θ est aussi μ_1-invariante; il existe donc (prop. I.3) une application equivariante p de Π_{μ_1} sur Π_{μ_2} telle que $p(\nu_1) = \theta$ (après avoir normalisé θ pour lui donner une masse unité). En précisant la démonstration du cor.1 du th. I.2 on obtient sans difficulté le lemme suivant:

Lemme II.7: Soit X un espace homogène de G, et soient α et β deux mesures appartenant à $M^1(X)$. Soient (g_n) une suite dans G et x un point de X. Supposons les mesures α et β équivalentes. Alors, pour que $\lim_{n \to \infty} g_n\alpha = \delta_x$, il faut et il suffit que $\lim_{n \to \infty} g_n\beta = \delta_x$.

La mesure ν_1 étant contractile, il existe une suite (g_n) dans G et un point $y \in \Pi_{\mu_1}$ tels que $\lim_{n \to \infty} g_n \nu_1 = \delta_y$. Posons $x = p(y)$. L'équivariance de p entraîne

$$\lim_{n \to \infty} g_n \theta = \lim_{n \to \infty} p(g_n \nu_1) = \delta_x .$$

Le lemme II.7 montre alors que $\lim_{n \to \infty} g_n \nu_2 = \delta_x$.

Nous avons donc montré l'existence d'une application équivariante p de Π_{μ_1} sur Π_{μ_2} ayant la propriété suivante:

pour tout $y \in \Pi_{\mu_1}$ et toute suite (g_n) dans G tels que $\lim_{n \to \infty} g_n \nu_1 = \delta_y$, on a $\lim_{n \to \infty} g_n \nu_2 = \delta_{p(y)}$. En échangeant le rôle des indices 1 et 2, on obtient une application équivariante q de Π_{μ_2} sur Π_{μ_1} ayant la propriété correspondante. Mais comme $\lim_{n \to \infty} g_n \nu_2 = \delta_{p(y)}$ on peut alors écrire, $\lim_{n \to \infty} g_n \nu_1 = \delta_{q(p(y))}$. Par suite $y = q(p(y))$ et les applications p et q sont inverses l'une de l'autre. Les espaces Π_{μ_1} et Π_{μ_2} sont isomorphes.

Q.E.D.

<u>Remarque</u> <u>II.1</u>: Nous montrerons (ch. V) que l'hypothèse " G transitif sur Π_{μ_1} et Π_{μ_2} " est essentielle pour que l'égalité de T_{μ_1} et T_{μ_2} entraine l'isomorphisme de Π_{μ_1} et Π_{μ_2}. En effet dans le cas où G est un groupe de matrices triangulaires à coefficients réels ou complexes, nous construirons une infinité de couples (μ_1, μ_2) de mesures étalées telle que $T_{\mu_1} = T_{\mu_2}$ et tels que Π_{μ_1} soit réduit à un point tandis que G n'est pas

transitif sur Π_{μ_2} .

II.4 PROPRIETE DE POINT FIXE

Definition II.3 ([8], [24]): Soient G un groupe localement compact, H un sous-groupe de G. Nous dirons que H a la propriété de point fixe par rapport à G si, chaque fois que G opère continûment sur une partie convexe compacte K d'un espace vectoriel topologique localement convexe, par des transformations affines, alors H laisse fixe un point de K; cette propriété équivaut ([24] th. 4.2 p.227) à l'existence d'une moyenne invariante par H sur l'espace des fonctions uniformément continues à gauche et bornées sur G. Nous dirons que G a la propriété de point fixe, s'il a la propriété de point fixe par rapport à lui-même.

Les groupes abéliens et les groupes compacts ont la propriété de point fixe ([8] p.342). Le lemme élémentaire suivant montre que les groupes résolubles et les extensions compactes de groupes résolubles ont la propriété de point fixe.

Lemme II.8; (d'après [24] th. 4.8 p.228): Soient G un groupe localement compact, H et L deux sous-groupes fermés de G, tels que L soit contenu dans H et distingué dans G. Supposons que L et H/L aient, respectivement, la propriété de point fixe par rapport à G et G/L. Alors H a la propriété de point fixe par rapport à G.

Lemme II.9: Un sous-groupe H de G a la propriété de point fixe par rapport à G si et seulement si, pour tout G-espace compact X, il existe sur X une mesure de probabilité invariante par H.

Supposons que H ait la propriété de point fixe par rapport à G et soit X un G-espace compact. Le groupe G opère continûment sur l'ensemble convexe compact $M^1(X)$ par des transformations affines. Il existe donc un point de $M^1(X)$ invariant par H. Inversement, supposons que pour tout G-espace compact X, le groupe H laisse fixe un point de $M^1(X)$. Soit K une partie compacte et convexe d'un espace vectoriel topologique localement convexe, et supposons que G opère continûment sur K par des transformations affines. Par hypothèse, il existe dans $M^1(X)$ une mesure m invariante par H. Il est clair que le barycentre de m est un point de K invariant par H; par suite H a la propriété de point fixe par rapport à G.

Q.E.D.

Proposition II.1: Soient μ une mesure de probabilité sur un groupe localement compact à base dénombrable G, et Π_μ son espace de Poisson. Les stabilisateurs dans G des points de Π_μ ont nécessairement la propriété de point fixe par rapport à G.

Soit X un G-espace compact et soit μ une mesure de probabilité sur G. L'ensemble des mesures μ - invariantes appartenant à $M^1(X)$ est non vide (prop. I.5). La prop. I.5 montre alors que l'ensemble des applications équivariantes de Π_μ dans $M^1(X)$ est non vide. Soit q une telle application. Soit $x \in \Pi_\mu$. Soit θ la mesure q(x). Puisque q est équivariante, la mesure θ est invariante par le groupe de stabilité de x dans Π_μ. On conclut par le lemme II.9. Q.E.D.

Corollaire: Soit G un groupe localement compact à base dénombrable. S'il existe une mesure $\mu \in M^1(G)$ dont l'espace de Poisson soit réduit à un point, le groupe G a la propriété de point fixe. En particulier, pour qu'il existe sur G une marche aléatoire récurrente (dans les ouverts) il est nécessaire que G ait la propriété de point fixe.

La première partie du corollaire résulte immédiatement de la prop. II.1, car si l'espace de Poisson Π_μ de μ est réduit à un point, G est le groupe de stabilité d'un point de Π_μ. D'autre part, si on considère une marche aléatoire de loi μ sur G, les fonctions μ - harmoniques sont invariantes pour la marche aléatoire. Il est bien connu que pour une chaîne de Markov récurrente dans les ouverts, les fonctions invariantes bornées sont constantes.

Q.E.D.

Rappelons le résultat suivant, qui est une extension (dûe à Rickert) d'un résultat de Furstenberg.

Théorème II.5 ([8] th. 1.7 p.378 ; [24] th. 5.3 p.229): Soient G un groupe localement compact, G_o la composante connexe de l'unité dans G, et R le radical de G. Lorsque G/G_o est compact, G a la propriété de point fixe si et seulement si G/R est compact.

II.5 FRONTIERES MAXIMALES:

Dans tout ce paragraphe, G est un groupe localement compact à base dénombrable.

Définition II.4: ([8] p.341) Nous appelons frontière de G tout espace homogène compact X de G tel que toutes les mesures appartenant à $M^1(X)$ soient contractiles (déf. I.4). Nous disons qu'une frontière de G est maximale si elle est plus grande (déf. I.6) que toute frontière de G.

Remarquons que G/G est une frontière triviale de G. L'image d'une frontière par une application équivariante surjective est une frontière; la donnée d'une frontière maximale de G détermine donc toutes les frontières de G. Nous ne disposons pas de critères généraux d'existence et d'unicité des frontières maximales pour les groupes localement compacts quelconques. Les résultats qui suivent montrent l'importance de cette question pour l'étude des groupes de type (T).

Lemme II.10: Soient G un groupe localement compact à base dé-

nombrable et B une frontière de G. Soit H un sous-groupe fermé de G ayant la propriété de point fixe par rapport à G. Si G/H est compact, il existe sur B une unique mesure de probabilité invariante par H, et celle-ci est ponctuelle. En particulier, G/H est plus grand (déf. I.6) que toute frontière de G.

Ce lemme est une extension de deux résultats de Furstenberg ([8], lemme 5.3 p.376 et [9] th.2.6 p.396). Soit B une frontière de G. Puisque H a la propriété de point fixe par rapport à G, l'ensemble des mesures de probabilité sur B qui sont invariantes par H est non vide. Soit θ une telle mesure; comme G/H est compact, l'orbite $G.\theta$ de θ dans $M^1(B)$ est compacte. Par définition, toute mesure de probabilité sur B est contractile. Toute mesure de probabilité pontuelle sur B est donc adhérente à $G.\theta$ et par suite appartient à $G.\theta$. La mesure θ est donc ponctuelle. Si θ_1 et θ_2 sont deux mesures de probabilité ponctuelles sur B invariantes par H, la demi-somme $(\theta_1 + \theta_2)/2$ est aussi invariante par H, et est donc ponctuelle d'après le raisonnement précédent, ce qui montre que $\theta_1 = \theta_2$. La première assertion du lemme est établie. La seconde résulte immédiatement du fait que H est contenu dans le stabilisateur d'un point x de B (x est le support de θ).

Q.E.D.

<u>Remarque II.2</u>: Si $\mu \in M^1(G)$ et si G est transitif sur l'espace de Poisson Π_μ de μ , la prop. II.1 et le lemme précédent

montrent que Π_μ est plus grand que toute frontière de G.

Lemme II.11: (d'après [8] p.377) Soient G un groupe localement compact à base dénombrable, X un espace homogène compact de G, et U une partie ouverte de X telle que la restriction à U d'une mesure quasi-invariante soit contractile. Alors toute mesure de probabilité sur X ayant son support contenu dans U est contractile.

Soit $\theta \in M^1(X)$ une mesure à support contenu dans U. Soit $\alpha \in M^1(G)$ une mesure absolument continue par rapport à la mesure de Haar et dont le support est contenu dans un voisinage suffisamment petit de l'unité. Alors, $\alpha * \theta$ a son support dans U et est absolument continue par rapport aux mesures quasi-invariantes (lemme I.3). D'après l'hypothèse faite sur U, la mesure $\alpha * \theta$ est contractile (cor.1 du th. I.2). D'après le th. I.2-b, θ est donc contractile.

Q.E.D.

Lemme II.12: (d'après [8]) Soient G un groupe localement compact à base dénombrable, H un sous-groupe distingué de G, et B une frontière de G. Si H a la propriété de point fixe par rapport à G, le groupe H opère trivialement sur B. En particulier, si G a la propriété de point fixe, G admet une frontière maximale triviale.

Par hypothèse, il existe sur B une mesure de probabilité θ invariante par H. Comme H est distingué, tout point de $G.\theta$ est invariant par H; par suite, H opère trivialement sur $\overline{G.\theta}$. Mais puisque B est une frontière, θ est contractile et $\overline{G.\theta}$ contient toutes les mesures de probabilité ponctuelles sur B. La seconde assertion s'obtient en appliquant ce résultat au cas où $H = G$.

Q.E.D.

Dans toute la suite, G_o est la composante connexe de l'unité dans G. Nous utilisons quelques résultats qui ne seront démontrés qu'au ch.IV.

Proposition II.2: Soient G un groupe localement compact à base dénombrable, B et B' deux espaces homogènes compacts de G et p une application équivariante de B dans B' . Supposons que G soit un groupe de Lie ou , dans les cas (b) et (c), que G/G_o *soit compact .*

a) On suppose que le stabilisateur H' d'un point x' de B' a la propriété de point fixe par rapport à G et qu'il existe une partie ouverte non vide U de B et une mesure quasi-invariante sur B dont la restriction à U soit contractile. Alors p est un revêtement d'ordre fini.

b) On suppose que B et B' sont respectivement les espaces de Poisson de deux mesures de probabilité μ et μ' étalées sur G; alors p est un revêtement d'ordre fini.

c) On suppose que B est une frontière, et que le stabilisateur H' d'un point x' de B' a la propriété de point fixe par rapport à G; alors p est un isomorphisme.

d) Les assertions (a) et (c) s'étendent à tous les groupes G localement compacts à base dénombrable, si on suppose que H' a la propriété de point fixe par rapport à lui-même.

Supposons que G/G_o soit compact. Pour tout voisinage V de l'unité dans G, il existe (cf. §IV.4) un sous-groupe compact distingué K de G, contenu dans V, tel que G/K soit un groupe de Lie. Lorsque B est une frontière - cas (c) - le groupe K opère trivialement sur B (lemme II.12), et donc sur B'. Lorsque B est l'espace de Poisson d'une mesure de probabilité μ étalée sur G, le th.IV.1 et le lemme IV.7 montrent que si V est assez petit, K opère trivialement sur B, et donc sur B'. D'autre part, si H' est un sous-groupe ayant la propriété de point fixe par rapport à G, le groupe H'K a la même propriété (lemme II.8) et on en déduit facilement que H'K/K a la propriété de point fixe par rapport à G/K . Ces remarques permettent de restreindre la démonstration de (a) (b) (c) au cas où G est un groupe de Lie. Supposons donc que G soit un groupe de Lie.

(a) - généralisation de [8] lemme 5.5, p.377. L'hypothèse sur H' entraîne l'existence d'une mesure $\lambda \in M^1(B)$ invariante par H'. Il existe évidemment $g \in G$ tel que $g\lambda(U) > 0$. L'hypothèse faite sur U et le lemme II.11montrent que $g\lambda$ majore une mesure contractile. Il existe donc dans l'adhérence de $G.\lambda$ une mesure qui majore une mesure ponctuelle. Mais $H'.\lambda = \lambda$ et G/H' est compact, donc $G.\lambda$ est fermé dans $M^1(B)$; on en déduit que λ majore une mesure ponctuelle. Soit $x \in B$ tel que $\lambda(\{x\}) > 0$; pour tout $h \in H'$ on a $\lambda(\{h.x\}) = \lambda(\{x\})$. Comme la mesure λ est bornée, $H'.x$ est fini. Le stabilisateur H_1 de x dans H' est donc un sous-groupe d'indice fini de H', et l'espace homogène $B_1 = G/H_1$ a même dimension que $B' = G/H'$. Comme x est invariant par H_1 , il existe une application équivariante de B_1 sur B , d'où $\dim B_1 \geqslant \dim B$. L'existence de p entraîne $\dim B \geqslant \dim B' = \dim B_1$. On en conclut que B et B' ont même dimension, donc que p est un revêtement. L'image réciproque par p de tout point de B' est une partie compacte discrète de B, donc finie.

(b) - Supposons vérifiées les hypothèses de (b); la prop. II.1 appliquée à B' et le th II.2 appliqué au noyau de Poisson de μ sur B montrent que les hypothèses de (a) sont satisfaites; p est donc un revêtement d'ordre fini.

(c) - Supposons vérifiées les hypothèses de (c). D'après la définition d'une frontière, les hypothèses de (a) sont vérifiées (en prenant $U = B$ par exemple); p est donc un revêtement d'ordre fini. Soit $y \in B'$; l'image réciproque de y par p est un sous-ensemble fini $\{ x_1 , \ldots , x_n \}$ de B. Puisque B est une frontière, la mesure $\frac{1}{n}\sum_{1}^{n}\delta_{x_i}$ est contractile. Il existe donc une suite (g_q) dans G et $z \in B$ tels que $\lim_{q\to\infty} g_q x_i = z$, pour tout i. On a alors $\lim_{q\to\infty} g_q y = p(z)$. Puisque p est un revêtement, il existe un voisinage V de z tel que la restriction de p à V soit un homéomorphisme de V sur p(V). Pour q assez grand, on a donc $g_q.y \in p(V)$ et $g_q.x_i \in V$, pour tout i ; on en déduit $n = 1$, car la restriction de p à V est injective. L'image réciproque de p(x) est réduite à x et p est un isomorphisme.

(d) - Le groupe G est seulement supposé localement compact à base dénombrable. Supposons que les hypothèses de (a) soient réalisées et que H' ait la propriété de point fixe par rapport à lui-même. Dans la démonstration de (a), on peut alors choisir λ à support dans $p^{-1}(x')$; on obtient ainsi l'existence de $x \in p^{-1}(x')$ tel que $H'.x$ soit fini. Le stabilisateur H de x dans G est donc un sous-groupe d'indice fini de H' et p est un revêtement d'ordre fini. L'assertion (c) se déduit directement de (a) comme ci-dessus.

Q.E.D.

Corollaire 1: Soient G un groupe localement compact à base dénombrable, H un sous-groupe fermé de G ayant la propriété de point fixe par rapport à G. Supposons que G soit un groupe de Lie, ou que G/G_0 soit compact. Si l'espace homogène $B = G/H$ est une frontière de G, le groupe H est maximal dans G pour la *propriété de point fixe (par rapport à G), la frontiere B est maximale, et toute frontière maximale de G est isomorphe à B.*

Le fait que B soit une frontière maximale résulte du lemme II.10. Si B_1 est une autre frontière maximale de G, il existe par définition une application équivariante p de B_1 sur B . D'après la prop. II.2-c, l'application p est un isomorphisme. Enfin si H' est un sous-groupe fermé de G contenant H et ayant la propriété de point fixe par rapport à G, l'application naturelle de G/H sur G/H' est un isomorphisme (prop. II.2-c), ce qui prouve que H et H' sont identiques.

Q.E.D.

Corollaire 2: Soit μ *une mesure de probabilité étalée sur le groupe localement compact à base dénombrable G. Supposons que G soit un groupe de Lie (ou que* G/G_o *soit compact) et que le semi-groupe fermé* T_μ *engendré par le support de* μ *soit égal à G. Si G est transitif sur l'espace de Poisson* Π_μ *, l'espace* Π_μ *est une frontière maximale de G ayant les propriétés décrites au cor. 1.*

Soit μ une mesure vérifiant les hypothèses du corollaire. Le noyau de Poisson ν de μ sur Π_μ est μ - invariant et contractile. Il existe donc (th. II.2) une partie ouverte non vide Ω de Π_μ telle que ν soit la restriction à Ω d'une mesure quasi-invariante et telle que $T_\mu.\Omega \subset \Omega$. Mais l'hypothèse $T_\mu = G$

entraîne $Q = \Pi_\mu$; l'espace Π_μ est donc une frontière de G (lemme II.11). Le stabilisateur de tout point de Π_μ ayant la propriété de point fixe par rapport à G (prop. II.1), on peut appliquer le cor.1, et Π_μ est une frontière maximale de G, ayant les propriétés décrites au cor. 1.

Q.E.D.

Corollaire 3: Supposons que le groupe localement compact à base dénombrable G admette une frontière (nécessairement maximale) $B = G/H$ telle que H ait la propriété de point fixe. Soit μ une mesure de probabilité étalée sur G; si G est transitif sur Π_μ, l'espace Π_μ est un revêtement d'ordre fini de B. Si G est un groupe de Lie, cette conclusion subsiste lorsqu'on suppose seulement que H a la propriété de point fixe par rapport à G.

Il existe (remarque II.2) une application équivariante p de Π_μ sur la frontière B. D'après le th.II.2, la première (resp. deuxième) assertion du corollaire 3 résulte de la prop. II.2-d (resp. II.2-a).

Q.E.D.

En regroupant ces résultats, on obtient une généralisation des résultats relatifs au cas où G est un groupe de Lie semi-simple ([8] p.344 à 346, et th.5.4 p.346).

Proposition II.3: Soit G un groupe localement compact à base *dénombrable de type (T). Alors G admet une frontière maximale $B(G) = G/H(G)$ ayant les propriétés suivantes:*

a) $H(G)$ est un sous-groupe de G maximal pour la propriété de point fixe par rapport à G;

b) toute frontière maximale est isomorphe à $B(G)$;

c) pour toute mesure étalée $\mu \in M^1(G)$, l'espace de Poisson de μ est un revêtement d'ordre fini de $B(G)$.

Nous montrerons plus loin (th.IV.2) que si G est de type (T), le quotient G/G_0 est nécessairement compact. Soit $\mu_0 \in M^1(G)$ une mesure étalée telle que le semi-groupe T_{μ_0} (déf.II.2) soit égal à G. Une telle mesure existe: il suffit de choisir μ_0 absolument continue par rapport à la mesure de Haar avec une densité continue strictement positive en tout point de G. Les cor. 2 et 1 montrent que $B(G) = \Pi_{\mu_0}$ est une frontière maximale ayant les propriétés (a) et (b), et (c) résulte alors du cor. 3, compte tenu de la prop. IV.2, du lemme IV.7 et du théorème de Montgomery-Zippin (cf. § IV.4).

Q.E.D.

La proposition suivante généralise un important résultat de Furstenberg ([9] cor. th.2.6 p.398).

Proposition II.4: Soient G un groupe localement compact à base dénombrable, μ une mesure de probabilité sur G, et X un espace homogène compact de G. Supposons que G soit transitif sur l'espace de Poisson de μ et que X soit un revêtement d'ordre fini d'une frontière de G. Alors, l'ensemble convexe compact des *mesures* μ *- invariantes appartenant à* $M^1(X)$ *n'a qu'un nombre fini de points extrêmaux, et l'ensemble des mesures de probabilité contractiles et* μ *- invariantes sur* X *est fini.* *Ces deux ensembles sont réduits à un point lorsque* X *est une frontière de* G.

Soit p une application équivariante de X sur une frontière B de G. Supposons que p soit un revêtement d'ordre fini. Soit $\mu \in M^1(G)$ une mesure telle que G soit transitif sur Π_μ . Soit H le groupe de stabilité d'un point de Π_μ . Soit K l'ensemble convexe compact des mesures de probabilité μ - invariantes sur X. Nous avons vu (prop. I.5) qu'il existe une bijection affine entre K et l'ensemble convexe L des points de $M^1(X)$ invariants par H. En particulier,en appliquant la prop. II.1 et le lemme II.10 au cas où X est une frontière de G, on obtient la dernière assertion de la proposition. Revenons au cas général; si $\theta \in L$, la mesure $p(\theta) \in M^1(B)$ est invariante par H. Le lemme II.10 entraîne que $p(\theta) = \delta_x$ où x est un point de B, indépendant de θ. L'image réciproque F de x par p est un sous-ensemble fini de X, et il est clair que toute mesure $\theta \in L$ est portée par F. L'ensemble F est évidemment globalement invariant par H. On en déduit que l'ensemble des mesures de probabilité sur F invariantes par H (c'est à dire l'ensemble L) n'a qu'un nombre fini de points extrêmaux: il est en effet évident que ceux-ci correspondent biunivoquement aux orbites de H dans F. L'ensemble K n'a donc qu'un nombre fini de points extrêmaux.

III. CAS DES GROUPES SEMI-SIMPLES

Dans tout ce chapitre, G désigne un groupe de Lie réel connexe semi-simple et de centre fini. Le groupe G est donc de type (T) (th.II.1) et nous allons utiliser les résultats du ch. II pour étudier complètement la correspondance entre les mesures de probabilité sur G et leurs espaces de Poisson, ce qui nous permettra de compléter les résultats de [8] .

III.1 QUELQUES PROPRIETES CLASSIQUES DES GROUPES SEMI-SIMPLES:

La description de la décomposition d'Iwasawa de G donnée ci-dessous résume des résultats classiques, exposés par exemple dans [11] et [12] . Les notations adoptées dans ce paragraphe seront conservées jusqu'à la fin du chapitre.

Soit $\underline{G}$ l'algèbre de Lie de G, et soit $\underline{G} = \underline{K} \oplus \underline{P}$ une décomposition de Cartan de $\underline{G}$. Soit $\underline{H}$ un sous-espace abélien maximal de $\underline{P}$. Une forme linéaire $\alpha \neq 0$ sur $\underline{H}$ est une racine si l'espace $\underline{G}^{\alpha} = \{ X \in \underline{G} \mid [H,X] = \alpha(H)X$, pour tout $H \in \underline{H} \}$ est différent de $\{ 0 \}$. Soit Δ l'ensemble des racines.

Soit $\underline{H}'$ l'ensemble des points de $\underline{H}$ où aucune racine ne s'annule. Les composantes connexes de $\underline{H}'$ (en nombre fini) sont les chambres de Weyl. Choisissons une chambre de Weyl W . Soient Δ_+(resp. Δ_-) l'ensemble des racines positives (resp. négatives) sur W .

Posons $\underline{N} = \bigoplus_{\alpha \in \Delta_+} \underline{G}^\alpha$ et $\tilde{\underline{N}} = \bigoplus_{\alpha \in \Delta_-} \underline{G}^\alpha$. On montre que $\underline{N}$ et $\tilde{\underline{N}}$ sont des sous-algèbres nilpotentes de $\underline{G}$. On obtient une décomposition d'Iwasawa de $\underline{G}$, soit $\underline{G} = \underline{K} \oplus \underline{H} \oplus \underline{N}$ à laquelle est associée une décomposition de G , soit G = KAN où les sous-groupes K, A, et N de G sont respectivement compact maximal, abélien connexe, et nilpotent simplement connexe, et ont pour algèbres de Lie respectives $\underline{K}$, $\underline{H}$ et $\underline{N}$. Soit $\tilde{N}$ le sous-groupe de Lie connexe de G d'algèbre de Lie $\tilde{\underline{N}}$. Soit M le centralisateur de A dans K . Alors M et A normalisent N ainsi que $\tilde{N}$. En particulier, le produit MAN est un sous-groupe fermé de G que nous noterons H(G) . Le résultat qui suit est classique (cf. par exemple [12] p.48) .

Lemme III.1: Soit $H \in \underline{H}$ tel que $\alpha(H) > 0$ pour toute racine $\alpha \in \Delta_+$. Posons $a = \exp H$. Alors pour tout $n \in \tilde{N}$, on a

$$\lim_{p \to \infty} a^p \, n \, a^{-p} = e .$$

Soit $(X_{\alpha,j})_{1 \leq j \leq r_\alpha}$ une base de $\underline{G}^\alpha$. Soient $H \in \underline{H}$ tel que $\alpha(H) > 0$ pour tout $\alpha \in \Delta_+$, et $a = \exp H \in A$. On a

$$\mathrm{Ad}\, a.\, X_{\alpha,j} = \exp(\mathrm{ad}\, H).\, X_{\alpha,j} = e^{\alpha(H)} X_{\alpha,j} .$$

L'ensemble $\{\alpha(H)\}_{\alpha \in \Delta_-}$ est un ensemble fini de nombres strictement négatifs; soit c sa borne supérieure. Les vecteurs

$(X_{\alpha,j})_{\alpha\in\Delta_-,\ 1\leq j\leq r_\alpha}$ forment une base de $\underline{\tilde{N}}$. Prenons pour norme dans $\underline{\tilde{N}}$ la borne supérieure des valeurs absolues des coordonnées relatives à cette base. Il est clair que pour tout $Z\in\underline{\tilde{N}}$, on a $\|\mathrm{Ad}\ a.Z\|\leq e^c\|Z\|$. Comme le groupe $\tilde{N}$ est nilpotent et comme, tout élément n de $\tilde{N}$ s'écrit $n=\exp Z$ avec $Z\in\underline{\tilde{N}}$, on a donc $a\,n\,a^{-1}=\exp(\mathrm{Ad}\ a.Z.)$. Puisque e^c est strictement inférieur à 1, on a $\lim_{p\to\infty}\mathrm{Ad}\ a^p.\ Z=0$. Par conséquent, la suite (a^p) d'éléments de A vérifie

$$\lim_{p\to\infty} a^p\, n\, a^{-p} = e \quad , \text{ pour tout } n\in\tilde{N}.$$

Q.E.D.

Rappelons un corollaire bien connu du lemme de Bruhat.

Lemme III.2 (cf. par exemple [12] p.47): L'application $(\tilde{n}, m, a, n)\to\tilde{n}man$ est un homéomorphisme de $\tilde{N}\times M\times A\times N$ sur une partie ouverte de G, dont le complémentaire est une réunion finie de sous-variétés de G de dimension strictement plus petite que celle de G.

III.2 FRONTIERES ET ESPACES DE POISSON D'UN GROUPE SEMI-SIMPLE:

Le groupe G étant de type (T) (th.II.1), la prop. II.3 montre que G admet une frontière maximale B(G) unique à isomorphisme près et que le stabilisateur de tout point de B(G) est un sous-groupe de G maximal pour la propriété de point fixe. Dans [8], Furstenberg avait montré l'existence de B(G) et signalé un résultat de C. Moore (non publié) prouvant que B(G) = G/MAN . Une démonstration de Godement ([5] th. 6.2.) permet d'obtenir la même égalité. Nous allons réétablir directement ce résultat, en reprenant une idée utilisée par Karpelevič, Moore, et Helgason ([12] th. 2.6, p.47).

Proposition III.1 (Furstenberg - Moore): Soit G un groupe semi-simple connexe de centre fini. Le groupe G admet une frontière maximale unique à isomorphisme près, isomorphe à G/MAN .

Soit x_0 le point eMAN de l'espace compact X = G/MAN ; soit p la surjection naturelle de G sur X . Soit E le complémentaire de $\tilde{N}.x_0$ dans X. L'image réciproque $p^{-1}(E)$ est le complémentaire de $\tilde{N}MAN$ dans G, et est donc négligeable (déf. I.9) d'après le lemme III.2. On en conclut (remarque I.5) que E est négligeable dans X. Soit m une mesure de probabilité quasi-invariante sur X. On a $m(\tilde{N}.x_0) = 1$. Mais il existe (lemme III.1) une suite d'éléments (a^p) de A telle que $\lim_{p \to \infty} a^p n a^{-p} = e$ pour tout $n \in \tilde{N}$. On a immédiatement $\lim_{p \to \infty} a^p n.x_0 = x_0$. Le th. I.2-d montre alors que m est contractile. Appliquant le lemme II.11 (avec U = X), on constate que toute mesure de probabilité sur X est contractile. L'espace G/MAN est donc une frontière de

G. Mais le groupe MAN est une extension compacte du groupe résoluble AN . D'après le lemme II.8, le groupe MAN a la propriété de point fixe. Il résulte alors du cor.1 de la prop. II.2 que G/MAN est une frontière maximale, que toute autre frontière maximale de G est isomorphe à G/MAN et que MAN est maximal dans G pour la propriété de point fixe.

Q.E.D.

Soit μ une mesure de probabilité étalée sur G. D'après la prop. II.3, l'espace de Poisson Π_μ est un revêtement d'ordre fini de la frontière maximale B(G). Il est facile de voir que les sous-groupes d'indice fini de MAN sont de la forme PAN où P est un sous-groupe fermé de M contenant la composante connexe M_0 de l'unité dans M. Il existe donc une famille finie Φ d'espaces homogènes compacts de G (à savoir la famille des quotients G/PAN où P est un sous-groupe compact de G tel que $M_0 \subset P \subset M$) telle que l'espace de Poisson de toute mesure étalée sur G soit un élément de Φ. Dans la suite, nous noterons P_μ l'un quelconque des sous-groupes de M contenant M_0 tel que $\Pi_\mu = G/P_\mu AN$. Ce résultat est dû à Furstenberg ([8] th. 5.2. p.379).

Nous avons vu (th. II.4) que Π_μ ne dépend en fait que du semi-groupe T_μ engendré par le support de μ . Nous allons étudier la correspondance entre T_μ et Π_μ (pour μ étalée).

III.3 MESURES CONTRACTILES SUR LES ESPACES HOMOGENES DE G:

Lemme III.3: Soient P un sous-groupe fermé de M contenant M_o *, X l'espace homogène G/PAN , et* x_o *le point e.PAN de X. Le sous-ensemble ouvert* $\tilde{N}.x_o$ *de X ne diffère de son adhérence que par un ensemble négligeable (déf. I.9). La restriction à* $\tilde{N}.x_o$ *de toute mesure de probabilité sur X est contractile.*

Puisque P contient M_o , P est un sous-groupe ouvert de M . Le lemme III.2 entraîne donc que $\tilde{N}PAN$ est un sous-ensemble ouvert de G; son image $\tilde{N}.x_o$ par la surjection naturelle de G sur X est aussi ouverte. Supposons que $\overline{\tilde{N}.x_o}$ rencontre l'ensemble $\tilde{N}m.x_o$ avec $m \in M$. Comme $\tilde{N}m.x_o$ est ouvert, les ensembles $\tilde{N}.x_o$ et $\tilde{N}m.x_o$ se coupent. D'après le lemme III.2, ceci n'est possible que si $m \in P$ c'est à dire si $m.x_o = x_o$. Par suite, l'ensemble $(\overline{\tilde{N}.x_o} - \tilde{N}.x_o)$ ne rencontre pas $\tilde{N}M.x_o$. Par projection de G sur X, le lemme III.2 montre que l'ensemble $(X - \tilde{N}M.x_o)$ est négligeable, et donc que $\tilde{N}.x_o$ ne diffère de son adhérence que par un ensemble négligeable. Le fait que la restriction à $\tilde{N}.x_o$ de toute mesure de probabilité sur X soit contractile résulte immédiatement du lemme III.1 et du th. I.2-d (cf. démonstration de la prop. III.1).

Q.E.D.

<u>Remarque III.1</u>: Soit λ une mesure de probabilité sur X, absolument continue par rapport aux mesures quasi-invariantes sur X .

Alors, il existe $m \in M$ tel que $\lambda(\tilde{N}m.x_o) > 0$. En effet, l'ensemble $(X - \tilde{N}M.x_o)$ est négligeable d'après le lemme III.2, et M/P est fini, donc $\tilde{N}M.x_o$ est réunion d'un nombre fini d'ensembles de la forme $\tilde{N}m.x_o$ (avec $m \in M$).

Proposition III.2: Soit P un sous-groupe fermé de M contenant M_o ; soit X l'espace homogène G/PAN et soit x_o le point e.PAN de X. Si une mesure $\lambda \in M^1(X)$ est contractile, il existe $k \in K$ tel que $k\lambda(\overline{\tilde{N}.x_o}) = 1$.

La démonstration qui suit est une forme améliorée (due à Cartier) de notre démonstration initiale. Soit $\lambda \in M^1(X)$ une mesure contractile. Définissons sur G une fonction u à valeurs dans $[0,1]$ par $u(g) = g\lambda(\overline{\tilde{N}.x_o})$. Elle a les propriétés suivantes:

a) u est semi-continue supérieurement; en effet, l'application $g \to g\lambda$ est continue, et si F est une partie fermée de X, l'application $\alpha \to \alpha(F)$ est semi-continue supérieurement sur $M^1(X)$.

b) On a $u(n\,a\,k) = u(k)$ pour tout $n \in \tilde{N}$, $a \in A$, $k \in K$; en effet, on a $a^{-1}n^{-1}\tilde{N}.x_o = \tilde{N}.x_o$ car a normalise $\tilde{N}$ et laisse x_o fixe. On a donc $a^{-1}n^{-1}\,\overline{\tilde{N}.x_o} = \overline{\tilde{N}.x_o}$, d'où $u(n\,a\,k) = k\lambda(a^{-1}n^{-1}\,\overline{\tilde{N}.x_o}) = u(k)$.

c) Pour tout nombre réel t tel que $t < 1$, il existe $k \in K$ tel que $u(k) > t$; en effet, puisque λ est contractile, δ_{x_o} est adhérente à $G.\lambda$. D'après le lemme III.2, $\overline{\tilde{N}.x_o}$ est un voisinage de x_o dans X. Il existe donc $g \in G$ tel que $u(g) = g\lambda(\overline{\tilde{N}x_o})$ soit supérieur à t. Par ailleurs, on a $G = \tilde{N}AK$ et il existe donc $n \in \tilde{N}$, $a \in A$, $k \in K$ tels que $g = nak$,ce qui, en tenant compte de (b), démontre (c).

La fonction semi continue supérieurement u atteint sa borne supérieure sur l'ensemble compact K, et d'après (c), cette borne supérieure est égale à 1 . Il existe donc $k \in K$ tel que $k\lambda(\overline{\tilde{N}.x_o}) = 1$.

Q.E.D.

Corollaire: Soit X l'espace homogène G/PAN (avec $M_o \subset P \subset M$) et soit $\lambda \in M^1(X)$ une mesure absolument continue par rapport aux mesures quasi-invariantes. Pour que λ soit contractile, il faut et il suffit qu'il existe $k \in K$ tel que
$k\lambda(\tilde{N}.x_o) = k\lambda(\overline{\tilde{N}.x_o}) = 1$.

L'absolue continuité de λ par rapport aux mesures quasi-invariantes implique en tenant compte du lemme III.3, que $k\lambda(\tilde{N}.x_o) = k\lambda(\overline{\tilde{N}.x_o})$ pour tout $k \in K$. La condition donnée dans le corollaire est suffisante pour que λ soit contractile, d'après le lemme III.3. Elle est nécessaire d'après la proposition précédente.

Q.E.D.

III.4 DETERMINATION DE L'ESPACE DE POISSON D'UNE MESURE DONNEE :

Lemme III.4: Soit $g \in G$ tel que $g^{-1}ANg \subset MAN$. On a alors $g \in MAN$.

Par hypothèse le sous-groupe AN laisse fixe le point $x = gMAN$ de $B(G) = G/MAN$. Posons $\lambda = \theta_*\delta_x$ où θ est la mesure de Haar normalisée sur M. Il est clair que λ est invariante par M. D'autre part si $s \in AN$, et si f est une fonction continue sur B(G), on a

$$< f,s\lambda > = \int_M f(smx)\, d\theta(m) = \int_M f(ms'x)\, d\theta(m) ,$$

où $s' = m^{-1}sm$ appartient à AN. On obtient $<f,s\lambda> = <f,\lambda>$ et λ est invariante par AN, et donc par MAN. Il en est de même de la mesure δ_{x_0} où x_0 est le point eMAN de B(G). D'après le lemme II.10, on a $\lambda = \delta_{x_0}$, d'où $x = x_0$ car x appartient au support de λ. Mais $x = x_0$ équivaut à $g \in MAN$.

Q.E.D.

Lemme III.5: Soient P_1 et P_2 deux sous-groupes fermés de M. Pour que l'espace homogène $X_1 = G/P_1AN$ soit plus grand (déf. I.6) que l'espace $X_2 = G/P_2AN$, il faut et il suffit qu'il existe un $m \in M$ tel que $P_1 \subset mP_2m^{-1}$.

Par définition, pour que X_1 soit plus grand que X_2 il faut et il suffit qu'il existe $g \in G$ tel que $g^{-1}P_1ANg \subset P_2AN$. On a alors $g^{-1}ANg \subset MAN$ d'où $g \in MAN$ d'après le lemme III.4. L'application f de MAN sur M définie par $f(man) = m$ est évidemment un homomorphisme de groupes. Appliquant f à l'inclusion $P_1AN \subset gP_2ANg^{-1}$ on trouve $P_1 \subset mP_2m^{-1}$, avec $m = f(g)$.

Q.E.D.

<u>Remarque III.2</u>: En tenant compte du lemme I.2, le lemme III.5 implique que X_1 et X_2 sont isomorphes, si et seulement si P_1 et P_2 sont des sous-groupes conjugués de M. Le lemme I.2 montre aussi que si chacun des deux espaces X_1 et X_2 est plus grand que l'autre, X_1 et X_2 sont isomorphes.

Proposition III.3: Soient μ *une mesure de probabilité étalée sur* G, $\Pi_\mu = G/P_\mu AN$ *son espace de Poisson et* T_μ *le semi-groupe fermé engendré par le support de* μ . *Soit* P *un sous-groupe fermé de* M *contenant* M_o . *Les propriétés suivantes sont équivalentes:*

a) il existe $m \in M$ *tel que* $P_\mu \subset mPm^{-1}$;

b) il existe sur G/PAN *une mesure de probabilité contractile et* μ *- invariante ;*

c) il existe $k \in K$ *et* $n \in \tilde{N}$ *tels que* $kT_\mu k^{-1}n \subset \overline{\tilde{N}AN\,P} = \overline{\tilde{N}PAN}$;

d) il existe $k \in K$, $n \in \tilde{N}$ *et* $m \in M$ *tels que* $kT_\mu nm \subset \overline{\tilde{N}AN\,P}$.

L'équivalence de (a) et (b) resulte de la prop. I.3 et du lemme III.5.

Soit λ une mesure de probabilité contractile et μ - invariante sur $X = G/PAN$. Notons S le support de λ . La mesure λ est absolument continue par rapport aux mesures quasi-invariantes sur X (prop. I.7). D'après le cor. de la prop. III.2, il existe $k \in K$ tel que $\lambda(k^{-1}\tilde{N}.x_0) = 1$, où x_0 est le point ePAN de X. Il existe donc $n \in \tilde{N}$ tel que $k^{-1}n.x_0 \in S$, et S est contenu dans $\overline{k^{-1}\tilde{N}.x_0}$. Comme λ est μ - invariante, on a $T_\mu.S \subset S$, d'où $kT_\mu k^{-1}n.x_0 \subset kT_\mu.S \subset k.S \subset \overline{\tilde{N}.x_0}$. Mais $\overline{\tilde{N}.x_0}$ est l'image de $\overline{\tilde{N}PAN}$ par l'application naturelle de G sur G/PAN. D'autre part il est évident que $\overline{\tilde{N}PAN} = \overline{\tilde{N}ANP}$. On obtient ainsi $kT_\mu k^{-1}n \subset \overline{\tilde{N}PAN} = \overline{\tilde{N}ANP}$, ce qui prouve que (b) implique (c).

D'après la remarque III.1, il existe $m \in M$ tel que $\lambda(\tilde{N}m.x_0) > 0$ et $\tilde{N}m.x_0$ est ouvert (lemme III.3). Il existe donc $n \in \tilde{N}$ et $m \in M$ tels que $nm.x_0 \in S$, Comme plus haut la relation $kT_\mu S \subset \overline{\tilde{N}.x_0}$ entraîne $kT_\mu nm \subset \overline{\tilde{N}ANP}$, et on voit que (b) implique (d).

Supposons (c) (resp. (d)) réalisée. Soit $x \in X$ le point $k^{-1}n.x_0$ (resp. $nm.x_0$). On a alors $T_\mu.x \subset \overline{k^{-1}\tilde{N}.x_0}$ par hypothèse. D'après le cor. de la prop. III.2, la restriction à $T_\mu.x$ d'une mesure quasi-invariante quelconque est contractile. Le th. I.2-d montre que l'on peut appliquer le th. II.3, qui prouve l'existence d'une mesure de probabilité contractile et μ - invariante sur X. On constate donc que (c) (resp. (d)) implique (b).

Q.E.D.

<u>Remarque III.3</u>: Posons la définition suivante: si P_1 et P_2 sont

deux sous-groupes fermés de M, nous disons que P_1 est plus petit que P_2 lorsque P_1 est contenu dans un sous-groupe conjugué de P_2 (dans M). Le lemme I.2 montre que, si chacun des groupes P_1 et P_2 est plus petit que l'autre, P_1 et P_2 sont conjugués dans M. La prop. III.3 caractérise donc le groupe P_μ (à une conjugaison près dans M) comme le plus petit sous-groupe fermé P de M, contenant M_o, et vérifiant l'une des conditions (b), (c), ou (d). Avec cette formulation, (d) peut être remplacée par (d'):

(d') Il existe $k \in K$ et $n \in \tilde{N}$ tels que $kT_\mu n \subset \overline{\tilde{N}ANP}$.

III.5 CONSTRUCTION DE MESURES AYANT UN ESPACE DE POISSON DONNE :

Les notations utilisées ici sont celles du §III.1.

Proposition III.4: Pour tout sous-groupe fermé P de G tel que $M_o \subset P \subset M$, *il existe une infinité de mesures de probabilité* μ *étalées sur G telles que l'espace de Poisson* Π_μ *de* μ *soit isomorphe à G/PAN.*

Nous allons fractionner la démonstration en trois lemmes.

Lemme III.6: Soit P un sous-groupe fermé de M contenant M_o. *Soit a un élément de A de la forme* $\exp H$ *où* $H \in \underline{\underline{H}}$ *est tel que* $\alpha(H) > 0$ *pour tout* $\alpha \in \Delta_+$. *Il existe dans G un semi-groupe fermé T contenu dans* $\tilde{N}PAN$ *et contenant un voisinage de l'ensemble aP.*

Soit H un élément de $\underline{H}$ tel que $\alpha(H) < 0$ pour toute racine $\alpha \in \Delta_-$. Posons $c = \sup_{\alpha \in \Delta_-} \alpha(H)$; alors, c est strictement négatif. Soit $a = \exp H$; on a vu (démonstration du lemme III.1) que pour tout $Z \in \underline{\tilde{N}}$, on a $\| \mathrm{Ad}\, a.Z \| \leq e^c \| Z \|$ pour une norme convenable sur l'algèbre $\underline{\tilde{N}}$. Soit V une boule ouverte de $\underline{\tilde{N}}$, de centre 0 , et soit $\overline{V}$ son adhérence. Puisque c est strictement négatif, on a $\mathrm{Ad}\, a.\overline{V} \subset V$ ce qui entraîne

(1) $a \exp(\overline{V})\, a^{-1} = \exp(\mathrm{Ad}\, a.\overline{V}) \subset \exp(V)$.

Choisissons le rayon de V assez petit pour que exp(V) soit ouvert dans $\tilde{N}$. Soit X l'espace homogène G/PAN et soit s le point e.PAN de X. Définissons un sous-ensemble E de X par $E = P.\exp(\overline{V}).x$; il est clair que E est compact. D'autre part, si $p \in P$, on peut écrire

$$ap.E = apP.\exp(\overline{V}).x = Pa\exp(\overline{V})a^{-1}.x$$

en tenant compte de (1), on obtient

(2) $ap.E \subset P.\exp(V).x$, pour $p \in P$.

D'après le lemme III.2, l'ensemble exp(V)PAN est ouvert dans G. Son image exp(V).x par l'application naturelle de G sur X est donc ouverte dans X; par suite, l'ensemble $E' = P.\exp(V).x$ est ouvert dans X. L'ensemble aP.E est compact, et contenu dans l'ensemble ouvert E' d'après (2); il existe donc un voisinage U de l'unité dans G tel que $UaP.E \subset E'$ et par suite, tel que $UaP.E \subset E$.

Soit T l'ensemble des $g \in G$ tels que $g.E \subset E$. Il est évident que T est un semi-groupe fermé dans G (car E est fermé). On vient de voir que T contient un voisinage de l'ensemble aP dans G. Comme $x \in E$, on a $T.x \subset E \subset P\tilde{N}.x = \tilde{N}.x$, ce qui entraîne $T \subset \tilde{N}PAN$.

Q.E.D.

Lemme III.7: Soient P et Q deux sous-groupes fermés de M contenant M_o et soit a un élément de A de la forme $a = \exp H$, où $H \in \underline{H}$ est tel que $\alpha(H) > 0$ pour toute racine $\alpha \in \Delta_+$. Soit $\mu \in M^1(G)$ une mesure étalée telle que le semi-groupe T_μ contienne un voisinage de aP. S'il existe sur G/QAN une mesure de probabilité contractile et μ - invariante, on peut trouver $g \in G$ et $m \in M$ tels que $gPm \subset \tilde{N}QAN$.

Soient Y l'espace homogène G/QAN, y_o le point e.QAN de Y, et $\lambda \in M^1(Y)$ une mesure contractile et μ - invariante. Soit S le support de λ. Il existe (prop. I.7 et remarque III.1) un $m \in M$ tel que $\tilde{N}m.y_o$ contienne un point y de S. D'après le lemme III.1, on a $\lim_{p \to \infty} a^p.y = m.y_o$, puisque $y \in \tilde{N}m.y_o$. Mais par hypothèse T_μ contient a, et donc toutes les puissances a^p de a. Par suite on a $m.y_o \in \overline{T_\mu.y}$. Comme on a $y \in S$ et $T_\mu . S \subset S$, on en conclut $m.y_o \in S$. Appliquant le même raisonnement à $m.y_o$, on obtient $S \supset \overline{T_\mu m.y_o}$. D'après la prop. III.2, il existe $k \in K$ tel que $S \subset \overline{k^{-1}\tilde{N}.y_o}$. Par conséquent, on a $T_\mu m.y_o \subset \overline{k^{-1}\tilde{N}.y_o}$, et en passant aux images réciproques dans G, $kT_{\mu}m \subset \overline{\tilde{N}QAN}$. Par hypothèse, il existe un voisinage ouvert V de l'unité dans G tel que $VaP \subset T_{\mu}$. On en déduit que $kVaPm \subset \overline{\tilde{N}QAN}$ ou encore $kVPm \subset \overline{\tilde{N}QAN}$. D'après le lemme III.3, l'ensemble $E = (\overline{\tilde{N}QAN} - \tilde{N}QAN)$ est de mesure de Haar nulle. Soient (p_i), $1 \leq i \leq r$, un ensemble de représentants dans P des points de P/M_o . Puisque E est négligeable, les ensembles $(k^{-1}Em^{-1}p_i^{-1}) \cap V$ sont négligeables pour $1 \leq i \leq r$. Comme V est ouvert, il existe donc $g \in V$ tel que $g \notin k^{-1}Em^{-1}p_i^{-1}$ pour $1 \leq i \leq r$. On a alors $kgp_i m \in \tilde{N}QAN$, et donc puisque M_o est distingué dans M et contenu dans Q, $kgp_i M_o m \subset \tilde{N}QAN$ pour $1 \leq i \leq r$. D'après le choix des (p_i) ceci équivaut à $kgPm \subset \tilde{N}QAN$.

Q.E.D.

Lemme III.8: Soient P et Q deux sous-groupes fermés de M contenant M_o . S'il existe $g \in G$ et $m \in M$ tels que $gPm^{-1} \subset \tilde{N}QAN$, on a $P \subset m^{-1}Qm$.

Supposons que $gPm^{-1} \subset \tilde{N}QAN$. En appliquant l'automorphisme intérieur $h \to m^{-1}hm$ à cette inclusion, on obtient $m^{-1}gP \subset \tilde{N}m^{-1}QmAN$. On peut donc en remplaçant Q par $m^{-1}Qm$ et g par $m^{-1}g$, supposer que $gP \subset \tilde{N}QAN$ et $m=e$. On a alors $Pg^{-1} \subset NAQ\tilde{N}$, et en effectuant le produit terme à terme avec l'inclusion précédente, on obtient $P \subset (NAQ\tilde{N})(\tilde{N}QAN) = N\tilde{N}QAN$.
Si $p \in P$, il existe donc $n \in N$ tel que $np \in \tilde{N}QAN$; comme $np = pn'$ avec $n' \in N$ on obtient $p \in \tilde{N}QAN$. Mais $p \in M$ et

$Q \subset M$; le lemme III.2 montre donc que $p \in Q$. On a donc $P \subset Q$.

Q.E.D.

Démonstration de la prop. III.4: Soit P un sous-groupe fermé de M contenant M_o. Choisissons un $H \in \underline{H}$ tel que $\alpha(H) > 0$ pour toute racine $\alpha \in \Delta_+$, et posons $a = \exp H$. D'après le lemme III.6, il existe un semi-groupe fermé T dans G, contenu dans $\tilde{N}PAN$ et contenant un voisinage de aP . D'après le lemme II.3 il existe une mesure étalée $\mu \in M^1(G)$ telle que le semi-groupe fermé T_μ engendré par le support de μ soit égal à T. Fixons une telle mesure μ . Soit $\Pi_\mu = G/P_\mu AN$ (avec $M_o \subset P_\mu \subset M$) son espace de Poisson. Puisque $T_\mu \subset \tilde{N}PAN$ par construction, la prop. III.3 montre qu'il existe $m \in M$ tel que $P_\mu \subset mPm^{-1}$. D'autre part, il existe sur Π_μ une mesure de probabilité μ - invariante et contractile (prop. I.3) . D'après les lemmes III. 7 et III.8, puisque T_μ contient un voisinage de aP, on a nécessairement $P \subset m'P_\mu m'^{-1}$ avec $m' \in M$. Chacun des groupes P et P_μ est contenu dans un conjugué (dans M) de l'autre; on en conclut (cf. remarque III.3) qu'ils sont conjugués dans M. Les espaces $G/P_\mu AN$ et G/PAN sont donc isomorphes.

Q.E.D.

IV. PERIODES DES FONCTIONS μ - HARMONIQUES

IV.1. RESTRICTION A UN SOUS-GROUPE:

Dans tout le §IV.1, G est un groupe localement compact à base dénombrable.

Lemme IV.1: Soient μ une mesure de probabilité sur G et H le sous-groupe fermé de G engendré par le support de μ. Si G est transitif sur l'espace de Poisson de μ, l'espace G/H est compact. Si de plus μ est étalée sur G, l'espace G/H est fini.

Soit X le compactifié d'Alexandroff de G/H, muni de la structure évidente de G-espace pour laquelle le point à l'infini de X est invariant par G. Soit x le point e.H de X. La mesure δ_x sur X est contractile puisque $\overline{G.x} = X$, et μ - invariante (car H contient le support de μ). Il existe donc (prop. I.2) une application équivariante q de Π_μ (espace de Poisson de μ) dans $M^1(X)$ telle que le barycentre de $q(\nu)$ soit δ_x (ν est le noyau de Poisson de μ), et telle que $q(\Pi_\mu)$ contienne X. Supposons G transitif sur Π_μ, et soit $y \in \Pi_\mu$ tel que $q(y) = x$. On a $G.x = q(G.y) = q(\Pi_\mu)$, ce qui montre que $G/H = G.x$ est compact. Lorsque μ est étalée sur G, le groupe H est ouvert (lemme II.3). L'espace compact G/H est donc discret, et par suite fini.

Q.E.D.

Soit H un sous-groupe fermé de G contenant le support de μ. Soit μ' la restriction de μ à H. La mesure de probabilité μ' sur le groupe H possède un espace de Poisson, qui est un H-espace, et que nous noterons $\Pi_\mu(H)$. Comme nous l'avons fait jusqu'ici nous écrivons cependant Π_μ au lieu de $\Pi_\mu(G)$ lorsqu'il n'y a pas de confusion possible.

Proposition IV.1: Soit G un groupe localement compact à base dénombrable, et soit μ une mesure de probabilité sur G. Soit H un sous-groupe fermé d'indice fini de G, contenant le support de μ. Alors, $\Pi_\mu(G)$ est homéomorphe à $G/H \times \Pi_\mu(H)$. Pour que G soit transitif sur $\Pi_\mu(G)$ il faut et il suffit que H soit transitif sur $\Pi_\mu(H)$.

<u>Remarque IV.1</u>: En fait la démonstration qui suit n'utilise que l'hypothèse suivante: G/H est compact et il existe une section <u>continue</u> s pour l'application naturelle p de G sur G/H . Cette hypothèse est trivialement vérifiée lorsque G/H est fini.

Choisissons une section continue $s : G/H \to G$. Pour chaque $x \in G/H$, on définit une application S_x de C(G) dans C(H), en posant

$$S_x f(h) = f(s(x)h) \quad , (h \in H, f \in C(G)) .$$

Soit Sf l'application de G/H dans C(H) définie par

$$x \to S_x f \qquad , (x \in G/H) .$$

La compacité de G/H et la continuité de s entraînent que $f \in C(G)$ est uniformément continue à gauche si et seulement si Sf est continue, et $S_x f$ est uniformément continue à gauche sur H pour chaque $x \in G/H$. Comme H contient le support de μ, on voit que f est μ - harmonique sur G si et seulement si $S_x f$ est μ - harmonique sur H pour chaque $x \in G/H$. Par définition, l'espace des fonctions μ-harmoniques uniformément continues à gauche sur H est isométrique à $C[\Pi_\mu(H)]$. Soient j cette isométrie, E l'espace des applications continues de G/H dans $C[\Pi_\mu(H)]$, et F l'espace des fonctions μ-harmoniques uniformément continues à gauche sur G. On vérifie que $j \circ S$ est une isométrie de F sur E (pour les normes naturelles). D'autre part, E est trivialement isométrique à $C[G/H \times \Pi_\mu(H)]$; il résulte alors de la définition de $\Pi_\mu(G)$ que $\Pi_\mu(G)$ est homéomorphe à $G/H \times \Pi_\mu(H)$. Posons

$$\sigma(g,x) = [s(g.x)]^{-1} gs(x) \qquad (g \in G,\ x \in G/H) .$$

Alors σ envoie $G \times G/H$ dans H. On montre que l'action de G sur $G/H \times \Pi_\mu(H)$ déduite de l'homéomorphisme que l'on vient d'exhiber est définie par

$$g.(x,y) = (g.x,\ \sigma(g,x).y) \quad , \text{pour } g \in G,\ x \in G/H,\ y \in \Pi_\mu(H).$$

Par un calcul direct utilisant la forme explicite de $\sigma(g,x)$, on vérifie que G est transitif sur $\Pi_\mu(G)$ si et seulement si H est transitif sur $\Pi_\mu(H)$.

Q.E.D.

Corollaire 1: Soient μ *une mesure de probabilité étalée sur* G*, et* H *le sous-groupe fermé de* G *engendré par le support de* μ*. Pour que* G *soit transitif sur* $\Pi_\mu(G)$*, il faut et il suffit que* G/H *soit fini et que* H *soit transitif sur* $\Pi_\mu(H)$*. L'espace* $\Pi_\mu(G)$ *est alors homéomorphe à* $G/H \times \Pi_\mu(H)$*.*

Pour la détermination des couples (G,μ) où $\mu \in M^1(G)$ est étalée, tels que G soit transitif sur Π_μ , on peut donc toujours supposer que le support de μ n'est contenu dans aucun sous-groupe propre de G.

Corollaire 2: Soit G *un groupe localement compact à base dénombrable. Si* G *est de type (T), tout sous-groupe ouvert de* G *est d'indice fini dans* G*, et est de type (T). En particulier si* G *est localement connexe et de type (T), la composante connexe* G_o *de l'unité dans* G *est de type (T) et* G/G_o *est fini.*

IV.2 PERIODES DES FONCTIONS μ - HARMONIQUES

Définition IV.1: Soit G *un groupe localement compact à base dénombrable et soit* μ *une mesure de probabilité sur* G*. Nous appelons* <u>*μ - période*</u> *tout élément* h *de* G *tel que pour toute fonction* μ *- harmonique* f *(déf.I.1), on ait* $f(gh) = f(g)$ *, pour tout* $g \in G$*. L'ensemble des* μ *- périodes est évidemment* *un sous-groupe de G.*

Soient Π_μ et ν l'espace et le noyau de Poisson de μ . Si h est une μ - période, on a par définition $< f, h\nu > \; = \; < f,\nu >$ pour toute fonction $f \in C(\Pi_\mu)$, et donc $h\nu = \nu$. Inversement si $h\nu = \nu$, les fonctions μ - harmoniques uniformément continues à gauche admettent h comme période, mais h n'est pas nécessairement une μ - période, dans le cas le plus général. Toutefois la prop. I.6 et le th.I.3 démontrent le

Lemme IV.2: Si μ est étalée sur G, le groupe des μ - périodes est fermé dans G et est identique à l'ensemble des $h \in G$ tels que $h\nu = \nu$.

<u>Remarque IV.2</u>: Soit $\mu \in M^1(G)$ et soit H le plus petit sous-groupe fermé de G contenant le support de μ. Le groupe des μ-périodes est toujours contenu dans H. En effet, soit X le compactifié d'Alexandroff de G/H et q l'application équivariante de Π_μ dans $M^1(X)$ construite dans la démonstration du lemme IV.1. Le barycentre de $q(\nu)$ est δ_x , où $x = e.H \in G/H$. Si h est une μ - période, on a vu que $h\nu = \nu$, ce qui implique $h.x = x$, et donc $h \in H$. Le groupe des μ - périodes peut d'ailleurs être égal à H (cf. §IV.4).

Définition IV.2: Soit G un groupe localement compact à base dénombrable et soit $\mu \in M^1(G)$. Nous noterons S_μ l'ensemble

des points g de G pour lesquels on peut trouver une mesure de Haar m sur G et un entier p tels que la restriction de m à un voisinage de g soit majorée par μ^p .

D'après la déf. I.8-b on voit que S_μ est non vide si et seulement si μ est étalée sur G. Il est clair que S_μ est un semi-groupe ouvert dans G , et est contenu dans le semi-groupe fermé T_μ (déf. II.2).

<u>Remarque IV.3</u>: On montre aisément que, si <u>μ est étalée sur G</u>, on a l'inclusion $T_\mu S_\mu \subset S_\mu$. En particulier, quand μ est étalée sur G, l'égalité $T_\mu = G$ implique $S_\mu = G$.

Théorème IV.1: Soient G un groupe localement compact à base dénombrable et $\mu \in M^1(G)$. *Soit* $(\Omega, (P_g)_{g \in G}, (X_n)_{n \in N})$ *la marche aléatoire de loi μ sur G (cf. §I.1). Soit h un élément de G. Si pour* P_e *- presque tout* $\omega \in \Omega$ *, la suite* $(X_n^{-1}(\omega) h X_n(\omega))_{n \geq o}$ *possède une valeur d'adhérence appartenant à* $S_\mu S_\mu^{-1}$ *, l'élément h est une μ - période.*

La démonstration s'inspire directement de plusieurs méthodes de [8] (lemme 3.4 p.361 et th.3.1 p.362), et est fractionnée en plusieurs lemmes.

Lemme IV.3: Soient U une partie ouverte relativement compacte de G, m une mesure de Haar invariante à gauche sur G, η *une mesure majorant m sur un voisinage de* $\overline{U}$. *Il existe alors* $\varepsilon > o$ *tel que, quels que soient a et b dans G vérifiant*

$aU \cap bU \neq \emptyset$, on ait $\varepsilon \leqslant \| a\eta^2 \wedge b\eta^2 \|$.

Précisons que si $\alpha, \beta \in M^+(G)$, $\alpha \wedge \beta$ désigne leur borne inférieure pour l'ordre propre du cône $M^+(G)$. Soit Q un voisinage compact de $\overline{U}$ et soit $\overset{\circ}{Q}$ l'intérieur de Q. Soit η une mesure majorant $1_Q.m$; alors, η^2 majore la mesure f.m , où f est la fonction $f = 1_Q * 1_Q$. On montre facilement que f est une fonction continue strictement positive sur $\overset{\circ}{Q}{}^2$, et donc sur l'ensemble compact $\overline{U}^2$. Par suite il existe un nombre $\varepsilon > 0$ tel que η^2 majore $\varepsilon.m$ sur U^2 . Si a et b dans G sont tels que $aU \cap bU$ soit non vide, il existe $g \in G$ tel que $gU \subset aU^2 \cap bU^2$. Soit θ la restriction de m à U^2 ; la restriction de m à gU est majorée par $a\theta$ et $b\theta$, ce qui entraîne $m(U) = m(gU) \leqslant \| a\theta \wedge b\theta \|$. Comme $\varepsilon\theta \leqslant \eta^2$, on obtient $\varepsilon.m(U) \leqslant \| a\eta^2 \wedge b\eta^2 \|$.

Q.E.D.

Lemme IV.4: Soient $h \in G$, $(z_n)_{n \geqslant 0}$ une suite d'éléments de G, μ une mesure étalée sur G, S_μ le semi-groupe ouvert associé (déf. IV.2). Si la suite $z_n^{-1} h z_n$ converge vers un élément de $S_\mu S_\mu^{-1}$, il existe un nombre $\varepsilon > 0$, et une mesure θ , combinaison linéaire d'un nombre fini de mesures de la forme μ^r (r entier), tels que, pour tout n assez grand, on ait $\varepsilon \leqslant \| h z_n \theta \wedge z_n \theta \|$.

Supposons qu'il existe $g \in S_\mu S_\mu^{-1}$ tel que $\lim_{n \to \infty} z_n^{-1} h z_n = g$. On peut écrire $g = st^{-1}$, où s et t sont dans S_μ . Il existe (déf. IV.2) des voisinages ouverts relativement compacts V (resp. W) de s (resp. t) et des entiers p et q tels que μ^p (resp. μ^q) majore une mesure de Haar à gauche m sur un voisinage de $\overline{V}$ (resp. $\overline{W}$). Si $U = V \cup W$, on a $g \in UU^{-1}$. Donc, pour n assez grand, on a $z_n^{-1}hz_n \in UU^{-1}$, ce qui équivaut à dire que $hz_nU \cap z_nU$ est non vide. Posons $\eta = \frac{1}{2}(\mu^p + \mu^q)$; la mesure η majore $\frac{1}{2}m$ sur un voisinage de $\overline{U}$. Appliquons le lemme IV.3; il existe $\varepsilon > 0$ tel que pour tout n assez grand, on ait $\varepsilon \leq \| hz_n\eta^2 \wedge z_n\eta^2 \|$. On a $\eta^2 = \frac{1}{4}(\mu^{2p} + \mu^{2q} + 2\mu^{p+q})$, ce qui prouve le lemme.

Q.E.D.

Lemme IV.5: (Furstenberg [8] p. 362) Soit

$$\{ \Omega, (P_g)_{g \in G}, (X_n)_{n \geq 0} \}$$

la marche aléatoire de loi μ *sur G. Soit f une fonction* μ *- harmonique sur G. Soient* δ *un nombre réel positif, et* $x \in G$*. Pour* $\omega \in \Omega$*, soit* $A_n(\omega)$ *l'ensemble des* $g \in G$ *tels que*

$$| f(g) - f(xX_n(\omega)) | \leq \delta \; .$$

On a alors, pour P_e*-presque tout* $\omega \in \Omega$,

$$\lim_{n \to \infty} xX_n(\omega)\mu^r(A_n(\omega)) = 1 \quad ,$$

où r est un entier positif quelconque.

Nous reprenons la démonstration de [8] . Soit f une fonction μ - harmonique. Les variables aléatoires réelles $Y_n(\omega) = f(xX_n(\omega))$ forment une martingale bornée sur l'espace de probabilité (Ω, P_e) . Soit $\underline{B}_n$ la σ - algèbre engendrée par $Y_o, Y_1 \ldots Y_n$. Il est facile de prouver que pour toute martingale bornée (Y_n) et pour tout entier r, les variables aléatoires $V_n = E[(Y_{n+r} - Y_n)^2 \mid \underline{B}_n]$ convergent P_e-p.s. vers o, lorsque n tend vers l'infini. Posons

$$\Omega_n = \{ \omega \in \Omega \mid |Y_{n+r}(\omega) - Y_n(\omega)| \leq \delta \} .$$

L'inégalité de Tchebichev montre alors que, P_e-p.s.,

$$\lim_{n \to \infty} P_e(\Omega_n \mid \underline{B}_n) = 1 .$$

Il est clair que la variable aléatoire U_n définie par

$$U_n(\omega) = \mu^r \{ g \in G \mid |f(xX_n(\omega)g) - f(xX_n(\omega))| \leq \delta \}$$

est une version de $P_e(\Omega_n \mid \underline{B}_n)$. Définissons le sous-ensemble $A_n(\omega)$ de G comme dans l'énoncé du lemme. On a

$$U_n(\omega) = \mu^r \{ g \in G \mid xX_n(\omega)g \in A_n(\omega) \}$$

et donc $U_n(\omega) = xX_n(\omega)\mu^r(A_n(\omega))$. Or on vient de montrer que $\lim_{n \to \infty} U_n = 1$, P_e-p.s.

Q.E.D.

Lemme IV.6: Soient ε *un nombre positif,* θ *et* θ' *deux mesures de probabilité sur G, A et A' deux sous-ensembles boréliens de G. Si* $\varepsilon \leq ||\theta \wedge \theta'||$ *et si* $\theta(A)$ *et* $\theta'(A')$ *sont plus grands que* $(1 - \frac{\varepsilon}{3})$*, l'intersection de A et A' est non vide.*

Soient B (resp. B') le complémentaire de A (resp. A'). Supposons que $G = B \cup B'$. On a alors

$$\varepsilon \leq (\theta \wedge \theta')(G) \leq (\theta \wedge \theta')(B \cup B') \leq \theta(B) + \theta'(B')$$

ce qui est impossible puisque $\theta(B)$ et $\theta'(B')$ sont majorés par $\frac{\varepsilon}{3}$. Donc $A \cap A' = G - (B \cup B')$ est non vide.

Q.E.D.

Démonstration du th. IV.1:

Soit Ω' l'ensemble des $\omega \in \Omega$ tels que la suite

$$(X_n^{-1}(\omega)\ hX_n(\omega))_{n > 0}$$

ait une valeur d'adhérence appartenant à $S_\mu S_\mu^{-1}$. Par hypothèse $P_e(\Omega') = 1$. Soit f une fonction μ - harmonique. Posons pour chaque nombre rationnel positif δ, et chaque entier n ,

$$(1) \quad \begin{aligned} A_{n,\delta}(\omega) &= \{ g \in G \mid | f(g) - f(X_n(\omega)) | \leq \delta \} \\ B_{n,\delta}(\omega) &= \{ g \in G \mid | f(g) - f(hX_n(\omega)) | \leq \delta \} \end{aligned}$$

D'après le lemme IV.5, il existe un sous-ensemble Ω'' de Ω tel que $P_e(\Omega'') = 1$ et tel qu'on ait, pour tout entier r, tout nombre rationnel $\delta > 0$ et tout $\omega \in \Omega''$,

$$(2) \lim_{n \to \infty} X_n(\omega)\mu^r[A_{n,\delta}(\omega)] = \lim_{n \to \infty} hX_n(\omega)\mu^r[B_{n,\delta}(\omega)] = 1 .$$

Fixons $\omega \in \Omega' \cap \Omega''$ et $\delta > 0$ rationnel. Puisque $\omega \in \Omega'$, il existe une partie infinie N_1 de l'ensemble des entiers naturels N telle que lorsque n tend vers l'infini dans N_1, la suite $X_n^{-1}(\omega)\, hX_n(\omega)$ converge vers un point de $S_\mu S_\mu^{-1}$. Le lemme IV. 4 montre alors qu'il existe une mesure de probabilité θ, combinaison linéaire d'un nombre fini de mesures de la forme μ^r, un nombre $\varepsilon > 0$, et une partie infinie N_2 de N_1 tels que, pour tout $n \in N_2$ on ait $\varepsilon \leq \| hX_n(\omega)\theta \wedge X_n(\omega)\theta \|$. L'égalité (2) montre que pour n assez grand, on a

$$X_n(\omega)\theta\ [A_{n,\delta}(\omega)] > 1 - \frac{\varepsilon}{3} \quad \text{et} \quad hX_n(\omega)\theta\ [B_{n,\delta}(\omega)] > 1 - \frac{\varepsilon}{3}$$

Appliquant le lemme IV.6 aux mesures $hX_n(\omega)\theta$ et $X_n(\omega)\theta$, on constate qu'il existe une partie infinie N_3 de N_2 telle que pour $n \in N_3$, l'intersection de $A_{n,\delta}(\omega)$ et de $B_{n,\delta}(\omega)$ soit non vide. Les égalités (1) entraînent alors immédiatement que pour $n \in N_3$, on a

$$(3) \qquad | f(hX_n(\omega)) - f(X_n(\omega)) | \leq 2\delta .$$

D'après le théorème de convergence des martingales bornées, il existe $\Omega''' \subset \Omega$ tel que $P_e(\Omega''') = 1$ et tel que $\lim_{n \to \infty} f(hX_n(\omega))$ et $\lim_{n \to \infty} f(X_n(\omega))$ existent pour $\omega \in \Omega'''$.

Soient respectivement $F(h,\omega)$ et $F(e,\omega)$ ces limites.

Pour $\delta > 0$ et $\omega \in \Omega' \cap \Omega'' \cap \Omega'''$, en faisant tendre n vers l'infini dans N_3, on obtient à partir de (3), l'inégalité

$$| F(h,\omega) - F(e,\omega) | \leq 2\delta \quad .$$

Comme on peut prendre δ arbitrairement proche de zéro, on obtient $F(h,\omega) = F(e,\omega)$ pour $\omega \in \Omega' \cap \Omega'' \cap \Omega'''$. Comme f est bornée, on a $f(e) = E_e(F(e,\omega))$ et $f(h) = E_e(F(h,\omega))$. On en déduit que $f(e) = f(h)$ car $P_e(\Omega' \cap \Omega'' \cap \Omega''') = 1$. La fonction μ -harmonique f étant arbitraire, le même résultat est valable pour la translatée à gauche de f par $g \in G$, ce qui donne $f(g) = f(gh)$. L'élément h est donc une μ - période.

Q.E.D.

<u>Remarque IV.4</u>: Pour pouvoir appliquer le théorème, il faut que S_μ soit non vide, et donc que μ soit étalée. L'ensemble $S_\mu S_\mu^{-1}$ est alors un voisinage ouvert de l'unité dans G. Si T_μ est le semi-groupe fermé engendré par le support de μ (déf. II.2), $S_\mu S_\mu^{-1}$ contient T_μ et T_μ^{-1} (cf. Remarque IV.3), et donc à fortiori S_μ et S_μ^{-1}. En particulier, si $T_\mu = G$, on a $S_\mu S_\mu^{-1} = G$ lorsque μ est étalée. Pour que h soit une μ-période. il suffit alors que $X_n^{-1} h X_n$ ait P_e-p.s. une valeur d'adhérence. Ceci est en particulier vrai lorsque la classe de conjugaison de h, c'est à dire l'ensemble des $g^{-1}hg$ où g décrit G, est compacte. On obtient ainsi la

Proposition IV.2: Si μ *est une mesure de probabilité étalée sur G, le groupe des* μ *- périodes contient la composante connexe du centre de G. Si de plus le semi-groupe* T_μ *(déf. II.2) est égal à G, le groupe des* μ *- périodes contient toute classe de conjugaison compacte dans G, et en particulier tout élément du centre de G et tout sous-groupe compact distingué de G.*

Proposition IV.3: Soient G un groupe localement compact à base dénombrable, μ *une mesure de probabilité étalée sur G,* S_μ *le semi-groupe ouvert associé à* μ *(déf. IV.2). Si un sous-groupe du groupe des* μ *- périodes est distingué dans G, il est nécessairement contenu dans* $S_\mu S_\mu^{-1}$*. En particulier pour qu'un élément z du centre de G soit une* μ *- période, il faut et il suffit que z appartienne à* $S_\mu S_\mu^{-1}$*.*

Soit H un sous-groupe distingué de G contenu dans le groupe des μ - périodes; soit $h \in H$. Pour toute fonction μ - harmonique f, on a

$$f(hg) = f(gg^{-1}hg) = f(g) \qquad , (g \in G).$$

On voit que h est aussi une période <u>à gauche</u> des fonctions μ - harmoniques. Nous allons montrer que si h est un élément de G n'appartenant pas à $S_\mu S_\mu^{-1}$, h ne peut pas être une période à gauche des fonctions μ - harmoniques, ce qui prouvera la première partie de la proposition. La deuxième partie s'en déduit immédiatement, a l'aide du th. IV.1.

Soit donc h un point de G n'appartenant pas à $S_\mu S_\mu^{-1}$. Les ensembles ouverts hS_μ et S_μ sont alors disjoints. Soit m une mesure de Haar sur G. Soit E l'ensemble des classes d'équivalence dans $L_\infty(G)$ des fonctions boréliennes sur G comprises entre 0 et 1, égales (m-presque-partout) à 1 sur S_μ et à 0 sur hS_μ. Il est évident que E est convexe et compact pour la topologie faible $\sigma(L_\infty(G), L_1(G))$. On définit un opérateur linéaire P sur $L_\infty(G)$ par

$$Pf(g) = \int f(gg')\, d\mu(g')$$

D'après les propriétés bien connues de la convolution, P est transposé d'un opérateur P* dans $L_1(G)$, et est donc continu pour la topologie $\sigma(L_\infty, L_1)$. Si M est le support de μ, on a $S_\mu M \subset S_\mu$, car μ est étalée (Remarque IV.3), ce qui montre que P laisse E globalement invariant. D'après le théorème de Markov-Kakutani, P admet un point fixe dans E. Il existe donc une fonction mesurable f sur G telle que $0 \leq f \leq 1$, $f = 0$ sur hS_μ et $f = 1$ sur S_μ, et telle que $Pf = f$, m-presque-partout.

Puisque μ est étalée, il existe (déf. I.8-a) un entier r tel que μ^r soit non singulière par rapport à m. Posons $Q = P^r$; on a $Qf = f$, m-presque-partout. Soit θ la partie singulière de μ^r par rapport à m, et a sa norme; a est strictement inférieure à 1. La partie singulière de μ^{nr} est majorée par θ^n , pour tout entier n. Donc

$$| Q^n f(g) - Q^{n+1} f(g) | \leq \int | f(gg') - Qf(gg') | \, d\theta^n(g') \leq 2a^n$$

pour $g \in G$. La suite $(Q^n f)_{n \geqslant 1}$ converge donc ponctuellement vers une fonction f_1. Elle est bornée par 1, donc

$$f_1(g) = \lim_{n \to \infty} QQ^n f(g) = Qf_1(g) \quad , (g \in G) .$$

De plus f_1 vaut 1 sur S_μ et 0 sur hS_μ. Posons

$$f_2 = \frac{1}{r} (f_1 + Pf_1 + \ldots + P^{r-1} f_1) \quad .$$

Il est clair que $0 \leqslant f_2 \leqslant 1$, que f_2 vaut 1 sur S_μ et 0 sur hS_μ, et que $Pf_2 = f_2$. L'élément h ne peut donc pas être une période à gauche de la fonction μ - harmonique f_2.

Q.E.D.

IV.3 PASSAGE AU QUOTIENT

Lemme IV.7: Soient G un groupe localement compact à base dénombrable, μ une mesure de probabilité sur G, N un sous-groupe du groupe des μ - périodes. Si N est distingué dans G, N est contenu dans le stabilisateur de tout point de Π_μ.

Soit $n \in N$. Puisque N est distingué, on a pour toute fonction μ - harmonique f

$$f(ng) = f(gg^{-1}ng) = f(g) \quad , (g \in G) .$$

Par suite, pour $f \in C(\Pi_\mu)$ on a $L_n f = f$. On en déduit que $N.x = x$ pour tout point x de Π_μ .

Q.E.D.

Lemme IV.8: Soient N un groupe compact, X un N-espace compact. Le sous-espace de $C(X)$ formé des fonctions que les translations à gauche par N laissent invariantes est isométrique à l'espace de Banach $C(Y)$, où Y est l'espace compact X/N obtenu en identifiant les points de X appartenant à une même orbite de N .

L'espace X/N est le quotient de X par une relation d'équivalence ouverte et fermée. Comme X est compact, X/N est compact, et la surjection $X \to X/N$ fournit une isométrie naturelle de $C(X/N)$ sur le sous-espace de $C(X)$ formé des fonctions invariantes à gauche par N.

Q.E.D.

Proposition IV.4: Soient G et G' deux groupes localement compacts à base dénombrable, p un homomorphisme surjectif de G sur G' et μ une mesure de probabilité sur G; on pose $\mu' = p(\mu)$. Alors :

a) il existe une application naturelle surjective $\overline{p}$ de Π_μ sur $\Pi_{\mu'}$, telle que

$$\overline{p}(g.x) = p(g).\,\overline{p}(x) \qquad \text{pour } g \in G \text{ et } x \in \Pi_\mu \text{ ;}$$

b) si le noyau de p est contenu dans le groupe des μ - périodes, alors $\overline{p}$ est un isomorphisme;

c) si le noyau de p est compact, G est transitif sur Π_μ *si et seulement si G' est transitif sur* $\Pi_{\mu'}$.

Soit H_μ l'espace des fonctions μ - harmoniques uniformément continues à gauche sur G, muni de la norme de la convergence uniforme (notations analogues pour μ'). L'application $q : f \to f \circ p$ est une isométrie de $H_{\mu'}$ dans H_μ . Utilisons la description directe de Π_μ et $\Pi_{\mu'}$ donnée au §I.2 (Remarque I.1). On munit H_μ du produit $f.f'$ défini par

$$f.f'(g) = \lim_{n \to \infty} \langle ff', g\mu^n \rangle \quad , (g \in G) .$$

L'espace H_μ devient alors une C*-algebre. Il est clair que si on munit $H_{\mu'}$ de la structure de C*-algèbre définie par μ' , l'application q devient un homomorphisme d'algèbres de $H_{\mu'}$ dans H_μ tel que $q(1) = 1$. Par dualité, on obtient une application continue (notée $\overline{p}$) du spectre Π_μ de H_μ dans le spectre $\Pi_{\mu'}$ de $H_{\mu'}$. Comme q est injective, $\overline{p}$ est surjective, et on vérifie que $\overline{p}(g.x) = p(g).\overline{p}(x)$ pour $g \in G$ et $x \in \Pi_\mu$. L'assertion (a) est établie.

Soit N le noyau de p. Il est clair que q est une isométrie de $H_{\mu'}$ sur le sous-espace de H_μ formé des fonctions invariantes à gauche par N. On en déduit que l'application $\overline{q}$ définie par

$$\overline{q}(f) = f \circ \overline{p} \quad , (f \in C(\Pi_{\mu'}))$$

est une isométrie de $C(\Pi_{\mu'})$ sur le sous-espace F de $C(\Pi_\mu)$ formé des fonctions invariantes à gauche par N. Supposons N contenu dans le groupe des μ - périodes; N opère alors trivialement sur Π_μ (lemme IV.7) et F est donc égal à $C(\Pi_\mu)$; par suite, $\overline{p}$ est un isomorphisme, ce qui prouve (b). Supposons que N soit compact; F est alors isométrique à C(Y) où $Y = \Pi_\mu/N$ (lemme IV.8). L'isométrie de $C(\Pi_{\mu'})$ sur C(Y) ainsi obtenue est associée (cor. prop.I.1) à un unique homéomorphisme h de Y sur $\Pi_{\mu'}$. Or Y est muni d'une structure naturelle de G-espace pour laquelle on a

$$h(g.y) = p(g) . h(y) \qquad (y \in Y, g \in G) ;$$

si $\overline{x}$ est l'image de $x \in \Pi_\mu$ par la surjection de Π_μ sur Π_μ/N, il suffit en effet de poser $g.\overline{x} = \overline{g.x}$. On vérifie alors facilement que G est transitif sur Π_μ si et seulement si G' est transitif sur $\Pi_{\mu'}$, d'où (c).

Q.E.D.

<u>Remarque IV.5</u>: On peut munir $\Pi_{\mu'}$ d'une structure de G-espace naturelle en posant

$$g.x = p(g).x \qquad \text{pour } x \in \Pi_{\mu'}, \; g \in G .$$

Il est évident que le stabilisateur d'un point $x \in \Pi_{\mu'}$ dans G est l'image réciproque par p du stabilisateur de x dans G' ; d'autre part l'application $\overline{p}$ est alors équivariante.

Proposition IV.5: Soient G un groupe de Lie à base

dénombrable, Z son centre, p l'application naturelle de G sur G/Z. Soient $\mu \in M^1(G)$ et S_μ le semi-groupe ouvert associé à μ (déf.IV.2). Supposons que G soit un groupe de Lie (ou que G/G_0 soit compact) et que μ soit étalée. Pour que G soit transitif sur Π_μ, il faut et il suffit que G/Z soit transitif sur $\Pi_{p(\mu)}$ et que le groupe $Z \cap S_\mu S_\mu^{-1}$ soit d'indice fini dans Z.

Considérons $\Pi_{p(\mu)}$ comme un G-espace (remarque IV.5); l'application $\bar{p}$ de Π_μ sur $\Pi_{p(\mu)}$ est alors équivariante. Supposons G transitif sur Π_μ ; d'après la surjectivité de $\bar{p}$, G/Z est transitif sur le G/Z-espace $\Pi_{p(\mu)}$. Soit H le stabilisateur dans G/Z d'un point x de $\Pi_{p(\mu)}$. Le stabilisateur de x dans G est $p^{-1}(H)$ (remarque IV.5). Le quotient $p^{-1}(H)/Z$ étant isomorphe à H, a la propriété de point fixe par rapport à G/Z (prop.II.1); $p^{-1}(H)$ a donc la propriété de point fixe par rapport à G, car Z est abélien (lemme II.8). D'après le th. II.2, on peut appliquer la prop. II.2-a et $\bar{p}$ est un revêtement d'ordre fini(*). Soit $y \in \Pi_\mu$ tel que $\bar{p}(y) = x$; le stabilisateur S de y dans G est d'indice fini dans $p^{-1}(H)$. Le groupe $Z/Z \cap S$ est isomorphe à ZS/S et donc à un sous-groupe de $p^{-1}(H)/S$, car $p^{-1}(H)$ contient le noyau Z de p. Par conséquent $Z \cap \mathcal{S}$ est d'indice fini dans Z. Mais $Z \cap \mathcal{S}$ étant inclus dans le centre de G, est distingué dans G. Puisque $Z \cap \mathcal{S}$ est inclus dans le stabilisateur $\mathcal{S}$ d'un

(*) La proposition II.2-a ne s'applique que lorsque G est un groupe de Lie, mais on se ramène facilement à ce cas comme dans la démonstration de la proposition II.3 .

point de Π_μ , $Z \cap S$ est donc contenu dans le stabilisateur de tout point de Π_μ , et par suite opère trivialement sur Π_μ . A fortiori, $Z \cap S$ laisse invariant le noyau de Poisson de ν sur Π_μ , et est donc contenu dans le groupe des μ - périodes (lemme IV.2). En appliquant la prop. IV.3 on constate que $Z \cap S$ est inclus dans $Z \cap S_\mu S_\mu^{-1}$. Le groupe $Z \cap S_\mu S_\mu^{-1}$ est donc d'indice fini dans Z, puisque $Z \cap S$ est d'indice fini dans Z.

Inversement, supposons que $Z \cap S_\mu S_\mu^{-1}$ soit d'indice fini dans Z et que G/Z soit transitif sur $\Pi_{p(\mu)}$. On a $p = q \circ r$ où q et r sont les homomorphismes naturels

$$q: G/[Z \cap S_\mu S_\mu^{-1}] \to G/Z \qquad \text{et } r: G \to G/[Z \cap S_\mu S_\mu^{-1}] .$$

On en déduit la décomposition $\bar{p} = \bar{q} \circ \bar{r}$ où

$$\bar{q}: \Pi_{r(\mu)} \to \Pi_{p(\mu)} \qquad \text{et } \bar{r}: \Pi_\mu \to \Pi_{r(\mu)}$$

sont les applications associées à q et r (prop. IV.4-a). Comme G/Z est par hypothèse transitif sur $\Pi_{q \circ r(\mu)}$, la prop. IV.4-c montre que $G/[Z \cap S_\mu S_\mu^{-1}]$ est transitif sur $\Pi_{r(\mu)}$. L'application $\bar{r}$ est un isomorphisme, car le noyau $Z \cap S_\mu S_\mu^{-1}$ de r est contenu dans le groupe des μ - périodes (prop. IV.3 et IV. 4-b). On en conclut que G est transitif sur Π_μ .

Q.E.D.

<u>Remarque IV.6</u>: La condition : $Z \cap S_\mu S_\mu^{-1}$ est d'indice fini dans Z est satisfaite trivialement si Z n'a qu'un nombre fini de composantes connexes.

Lemme IV.9: Soient G et G' deux groupes localement compacts à base dénombrable, p un homomorphisme surjectif de G sur G'.

a) Si $\mu \in M^1(G)$ est étalée, $p(\mu)$ est étalée sur G'.

b) Si $\mu' \in M^1(G')$ est non singulière sur G', il existe une mesure de probabilité μ non singulière sur G telle que

$$p(\mu) = \mu' .$$

Une partie borélienne A' de G' est négligeable (déf. I.9) si est seulement si $p^{-1}(A')$ est négligeable dans G. L'image par p d'une mesure non singulière sur G est donc une mesure non singulière sur G'. Comme on a $p(\mu^n) = [p(\mu)]^n$ l'assertion (a) résulte de la déf. I.8-a.

Soit m une mesure bornée quasi-invariante positive sur G. La mesure $m' = p(m)$ est quasi-invariante sur G' (Remarque I.5). Soit $\alpha' \ll m'$ une mesure bornée sur G'. Si on pose $f = \frac{d\alpha'}{dm'} \circ p$ et $\alpha = f \cdot m$, on a clairement

$$p(\alpha) = \alpha' \text{ et } \alpha \ll m .$$

Soit μ' une mesure de probabilité non singulière sur G'; soit α' (resp. σ') la partie absolument continue (resp. singulière) de μ' par rapport à m'. Il existe des mesures bornées positives σ et α sur G telle que $p(\sigma) = \sigma'$ et $p(\alpha) = \alpha'$, et on peut choisir $\alpha \ll m$. Il est clair que $\mu = \sigma + \alpha$ est une mesure de probabilité non singulière sur G telle que $p(\mu) = \mu'$, ce qui prouve (b).

Q.E.D.

IV.4 APPLICATIONS AUX GROUPES DE TYPE (T):

Rappelons deux résultats de Montgomery et Zippin ([20] p.153 et p.175): Soient G un groupe localement compact, G_o sa composante connexe. Il existe un sous-groupe ouvert G' de G, contenant G_o et tel que G'/G_o soit compact. De plus, si G/G_o est compact, tout voisinage U de e dans G contient un sous-groupe compact distingué K de G tel que G/K soit un groupe de Lie ayant un nombre fini de composantes connexes.

Proposition IV.6: Soient G et G' deux groupes localement compacts à base dénombrable, p un homomorphisme surjectif de G sur G'. Si G est de type (T), le groupe G' est aussi de type (T).

Démontrons un lemme;

Lemme IV.10: Soient G un groupe localement compact à base dénombrable, μ une mesure de probabilité sur G, n un entier positif. Il existe une application surjective équivariante de l'espace de Poisson de μ^n sur celui de μ. En particulier, si G est transitif sur Π_{μ^n}, il est aussi transitif sur Π_μ.

Ce résultat nous a été signalé par Godement. Soit H_μ l'espace de Banach des fonctions μ - harmoniques uniformément continues à gauche (notation analogue pour μ^n). L'application identique j de C(G) dans C(G) envoie H_μ dans H_{μ^n}. Si on munit

H_μ et H_{μ^n} des structures de C*-algèbre respectivement associées à μ et μ^n (Remarque I.1), l'isométrie j de H_μ dans H_{μ^n} devient un homomorphisme d'algèbres, tel que $j(1) = 1$. Par dualité, on obtient une application surjective et équivariante j^* du spectre Π_{μ^n} de H_{μ^n} sur le spectre Π_μ de H_μ. Par suite, si Π_{μ^n} est un espace homogène de G, Π_μ est à fortiori un espace homogène de G.

Q.E.D.

Revenons à la proposition IV.6. Supposons G de type (T). Soit μ' une mesure de probabilité étalée sur G'. Il existe un entier n tel que μ'^n soit non singulière. D'après le lemme IV.9, il existe une mesure de probabilité non singulière μ sur G telle que $p(\mu) = \mu'^n$. Puisque μ est non singulière, G est transitif sur Π_μ. D'après la prop. IV.4-a, G' est donc transitif sur $\Pi_{\mu'^n}$. Il résulte alors du lemme IV.10 que G' est transitif sur $\Pi_{\mu'}$. Le groupe G' est donc de type (T).

Q.E.D.

Théorème IV.2: Soient G un groupe localement compact à base dénombrable, G_0 sa composante connexe. Pour que G soit de type (T), il faut et il suffit que G/G_0 soit compact, et qu'il existe un sous-groupe compact distingué K de G tel que G/K soit un groupe de Lie de type (T) ayant un nombre fini de composantes connexes.

Soit G' un sous-groupe ouvert de G contenant G_0 tel que

G'/G_o soit compact. D'après le cor. 2 de la prop. IV.1, le groupe G' est d'indice fini dans G, puisque G est de type (T). Par suite G/G_o est compact. Tout voisinage de e dans G contient alors un sous-groupe compact distingué K de G tel que G/K soit un groupe de Lie ayant un nombre fini de composantes connexes. Le groupe G/K est de type (T) d'après la prop. IV. 6. Inversement, s'il existe un sous-groupe compact distingué K de G tel que G/K soit de type (T), la prop. IV.4-c montre que G est de type (T) .

Q.E.D.

La caractérisation des groupes localement compacts de type (T) se ramène donc à celle des groupes de Lie de type (T). Le résultat précédent et la prop.IV.6 montrent d'ailleurs que tout groupe de type (T) est limite projective de groupes de Lie de type (T) ; nous ne savons pas démontrer la réciproque.

IV.5 APPLICATIONS AUX GROUPES AYANT LA PROPRIETE DE POINT FIXE:

Proposition IV.7: Soient G un groupe localement compact à base dénombrable, μ une mesure de probabilité étalée sur G, et H le sous-groupe fermé de G engendré par le support de μ . Les propriétés suivantes sont équivalentes:

a) G/H est fini, et pour qu'une fonction borélienne bornée sur G soit μ - harmonique, il faut et il suffit qu'elle admette tous les points du support de μ *comme périodes.*

b) *G/H est fini, et le groupe des* μ *- périodes est égal à H.*

c) *L'espace de Poisson de* μ *est isomorphe à G/H.*

d) *L'espace de Poisson de* μ *est fini.*

e) *L'espace vectoriel des fonctions* μ *- harmoniques est de dimension finie.*

(a) $\Longleftrightarrow$ (b) Trivial.

(b) $\Longrightarrow$ (c) D'après la prop. IV.1, $\Pi_\mu(G)$ est homéomorphe à $G/H \times \Pi_\mu(H)$ puisque G/H est fini. Le groupe des μ - périodes étant égal à H, l'espace $\Pi_\mu(H)$ est réduit à un point, et $\Pi_\mu(G)$ est isomorphe à G/H .

(c) $\Longrightarrow$ (d) Puisque μ est étalée, le groupe H est ouvert (lemme II.3-b). Si Π_μ est isomorphe à G/H , l'espace G/H est discret et compact, et est donc fini.

(d) $\Longrightarrow$ (b) Supposons Π_μ fini. Le noyau de Poisson ν est contractile sur Π_μ . Mais le th. I.2-d montre que sur un G-espace fini, toute mesure contractile est ponctuelle. Donc ν est de la forme δ_x , avec $x \in \Pi_\mu$, et on a $\overline{G.x} = \Pi_\mu$, d'où $G.x = \Pi_\mu$, car Π_μ est discret. On peut donc écrire

$$\Pi_\mu = G/H_1$$

où H_1 est le stabilisateur de x dans G. Puisque $\mu * \nu = \nu$, le stabilisateur de x contient le support de μ , et par suite H_1 contient H. Les éléments de H_1 laissent ν invariante, et par suite sont des μ - périodes, car μ est étalée (lemme IV.2). D'après la remarque IV.2, on a alors $H_1 \subset H$, ce qui implique $H_1 = H$. Donc $G/H = \Pi_\mu$ est fini, et le groupe des μ - périodes est égal à H.

(e) $\Longleftrightarrow$ (d) Comme μ est étalée, cette équivalence résulte du th. I.3.

Q.E.D.

Proposition IV.8: Soient G un groupe localement compact à base dénombrable, μ une mesure de probabilité étalée sur G. Supposons que G ait la propriété de point fixe, et soit transitif sur Π_μ. Alors l'espace de Poisson Π_μ est fini (cf. prop. IV.7).

Le groupe G ayant la propriété de point fixe, admet une frontière maximale réduite à un point (cor. 1 de prop. II.2). Puisque μ est étalée, le cor. 3 de la prop. II.2 montre alors que Π_μ est un revêtement d'ordre fini de la frontière maximale de G, et par suite est fini.

Q.E.D.

<u>Remarque IV.7</u>: Les groupes compacts et les groupes nilpotents fournissent des exemples de la situation décrite ci-dessus (prop. IV.9 et IV.10). Nous déterminerons au ch. V tous les groupes de Lie de type (T) ayant la propriété de point fixe.

Proposition IV.9: Soit G un groupe <u>compact</u> à base dénombrable.

Pour toute mesure de probabilité μ sur G, le groupe G est transitif sur Π_μ. En particulier, G est de type (T), et les conclusions des prop. IV.7 et IV.8 s'appliquent au cas où μ est étalée.

Il suffit d'appliquer la prop. IV.4-c à l'homomorphisme trivial $p: G \to \{e\}$. Ce résultat est d'ailleurs classique.

Q.E.D.

Lemme IV.11: Soit G un groupe nilpotent, S un semi-groupe dans G. L'ensemble SS^{-1} est un sous-groupe de G.

Soient G un groupe, Z un sous-groupe distingué de G, p l'homomorphisme naturel de G sur G/Z. Soit S un semi-groupe dans G. Supposons que

(1) $\quad Z \cap SS^{-1} = Z \cap S^{-1}S$

(2) $\quad p(S)\, p(S)^{-1} = p(S)^{-1}\, p(S)$

Montrons qu'alors $SS^{-1} = S^{-1}S$. Soient $s,t \in S$.
D'après (2), il existe $u,v \in S$ et $z \in Z$ tels que

(3) $\quad st^{-1} = v^{-1}uz$

Comme Z est distingué, $z' = uzu^{-1} \in Z$, et (3) entraîne

(4) $\quad z' = vst^{-1}u^{-1}$

Donc $z' \in Z \cap SS^{-1}$; d'après (1) il existe alors $x,y \in S$ tels que $z' = x^{-1}y$. L'égalité (4) donne
$st^{-1} = v^{-1}x^{-1}yu$. On voit que $st^{-1} \in S^{-1}S$, ce qui prouve que $SS^{-1} = S^{-1}S$. Supposons G nilpotent et soit Z le

centre de G. Il est facile de voir que (1) est vérifiée quel que soit S. Le résultat ci-dessus permet donc de montrer, par récurrence sur la longueur de la série centrale de G, que pour tout semi-groupe S de G, on a $SS^{-1} = S^{-1}S$. Mais il est alors évident que SS^{-1} est un sous-groupe de G.

Q.E.D.

Proposition IV.10: Soient G un groupe localement compact à base dénombrable, μ une mesure de probabilité étalée sur G, H le sous-groupe de G engendré par le support de μ . Supposons G ***nilpotent.*** *Pour que G soit transitif sur Π_μ, il faut et il suffit que H soit d'indice fini dans G, et les conclusions des prop. IV.7 et IV.8 sont alors valables. En particulier G est de type (T) si et seulement si G/G_o est compact, (G_o est la composante connexe de e dans G).*

Comme G a la propriété de point fixe, si G est transitif sur Π_μ, G/H est nécessairement fini (prop. IV.7 et IV.8). Inversement, supposons H d'indice fini dans G. Soit S_μ le semi-groupe ouvert associé à μ (déf. IV.2). L'ensemble $S_\mu S_\mu^{-1}$ est un sous-groupe ouvert de G (lemme IV.11), puisque G est nilpotent. Mais $S_\mu S_\mu^{-1}$ contient le semi-groupe fermé T_μ engendré par le support de μ (Remarque IV.3) et à fortiori contient le support de μ . Puisque $S_\mu S_\mu^{-1}$ est un groupe, on a par conséquent $S_\mu S_\mu^{-1} \supset H$. Les inclusions évidentes $S_\mu \subset T_\mu \subset H$ montrent alors que $S_\mu S_\mu^{-1} = H$. Soit Z le centre de G. Le quotient

$Z/(Z \cap H)$ est isomorphe au groupe ZH/H et comme on a $H \subset ZH \subset G$ et que G/H est fini, $Z/(Z \cap H)$ est donc fini. Soit p l'homomorphisme naturel de G sur G/Z. Puisque $Z \cap S_\mu S_\mu^{-1}$ est d'indice fini dans Z, on peut reprendre la démonstration de la prop. IV.5 pour prouver que si G/Z est transitif sur $\Pi_{p(\mu)}$, G est nécessairement transitif sur Π_μ. Par récurrence sur la longueur de la série centrale de G, on montre donc que G est transitif sur Π_μ. On a vu (th.IV.2) que si G est de type (T), G/G_0 est compact. Inversement, si G/G_0 est compact, le résultat de [20] rappelé au §IV.4 montre que tout sous-groupe ouvert de G est d'indice fini dans G.

Q.E.D.

Nous venons de généraliser un résultat classique de Choquet-Deny sur les groupes abéliens (cf. [18] ch.VIII, th.7).

V. GROUPES DE TYPE (T)

V.1. INTRODUCTION:

D'après le th. IV.2, la caractérisation des groupes localement compacts (à base dénombrable) de type (T) se ramène à celle des groupes de Lie (à base dénombrable) de type (T). Si G est un groupe de Lie (à base dénombrable) de type (T), la composante connexe G_o de e dans G est nécessairement de type (T) et G/G_o est fini (cor.2 de prop. IV.1). L'étape essentielle est donc l'étude des groupes de Lie connexes de type (T).

Les prop. IV.5 et IV.6 entraînent immédiatement la

Proposition V.1: Soient G un groupe de Lie à base dénombrable, et Z son centre. Pour que G soit de type (T), il faut et il suffit que G/Z soit de type (T) et que pour tout semi-groupe ouvert S dans G, le groupe $Z \cap SS^{-1}$ *soit d'indice fini dans Z.*

Si G est un groupe de Lie connexe, le groupe G/Z est le groupe des automorphismes intérieurs de l'algèbre de Lie $\underline{G}$ de G. La propriété "G est de type (T)" équivaut dans ce cas à la conjonction d'une propriété de l'algèbre de Lie de G et d'une propriété du centre Z de G (qui est toujours réalisée si Z n'a qu'un nombre fini de composantes connexes). Il est clair qu'on peut toujours se ramener au cas où Z est discret (prop. IV.2 et IV.4-b). En particulier, si G est semi-simple et connexe, la condition sur $\underline{G}$ est satisfaite d'après le th. II.1, car le groupe adjoint G/Z est de centre trivial, connexe et semi-simple. La caractérisation des groupes de Lie semi-simples connexes de type (T) se réduit donc à l'étude d'une propriété du centre.

V.2 ESPACES DE POISSON DES GROUPES DE LIE CONNEXES:

Définition V.1: Si G est un groupe de Lie connexe, nous appelons <u>radical</u> R de G le plus grand sous-groupe <u>connexe</u> distingué résoluble de G ([3] vol.III, p142); le groupe R est nécessairement fermé et G/R est un groupe semi-simple connexe.

Nous noterons <u>R'</u> <u>le plus grand sous-groupe fermé distingué résoluble</u> de G. Il est facile de voir que R' est l'image réciproque du centre de G/R par l'application naturelle de G sur G/R.

En particulier R' contient R et le centre Z de G. Le groupe G/R' est isomorphe au groupe adjoint de G/R et est donc semi-simple connexe et de centre trivial.

Proposition V.2(d'après Furstenberg, [8], cor.2 p.346): Soient G un groupe de Lie connexe, R' le plus grand sous-groupe fermé distingué et résoluble de G. Le groupe G admet une frontière maximale B(G) = G/H(G) unique à isomorphisme près; le groupe R' opère trivialement sur B(G) et B(G) est isomorphe à la frontière maximale de G/R'(qui est semi-simple connexe de centre fini). De plus, H(G) a la propriété de point fixe.

Reprenons la démonstration de [8]; soit B une frontière de G. Puisque R' est résoluble, le groupe R' a la propriété de point fixe. D'après le lemme II.12, comme R' est aussi distingué dans G, le groupe R' opère trivialement sur la frontière B. On peut alors passer au quotient par R' de façon évidente, et comme G/R est semi-simple connexe de centre fini, la première partie de la prop. V.2 se déduit directement du §III.2. Soit B(G) = G/H(G) la frontière maximale de G. Puisque R' opère trivialement sur B(G), R' est inclus dans H(G). Le groupe H(G)/R' est isomorphe au stabilisateur (dans G/R') d'un point de la frontière maximale de G/R'. D'après le §III.2, H(G)/R' a donc la propriété de point fixe. Mais R' est distingué dans H(G) et a la propriété de point fixe. Le lemme II.8 entraîne alors que H(G) a la propriété de point fixe.

Q.E.D.

Proposition V.3: Soient G un groupe de Lie connexe, R son radical, R' le plus grand sous-groupe fermé distingué résoluble de G, p (resp. p') l'homomorphisme naturel de G sur G/R (resp.

G/R'). Soient μ une mesure de probabilité étalée sur G, S_μ le semi-groupe ouvert associé à μ (déf. IV.2), $\overline{p}$ (resp. $\overline{p}'$) l'application de Π_μ sur $\Pi_{p(\mu)}$ (resp. $\Pi_{p'(\mu)}$) déduite de p (resp. p'). Supposons G transitif sur Π_μ ; alors

a) $\overline{p}$ est un isomorphisme de Π_μ sur $\Pi_{p(\mu)}$;

b) $\overline{p}'$ est un revêtement d'ordre fini ;

c) le radical R opère trivialement sur Π_μ, et est contenu dans le groupe des μ - périodes ainsi que dans l'ensemble $S_\mu S_\mu^{-1}$;

d) les stabilisateurs des points de Π_μ ont la propriété de point fixe .

On peut considérer les espaces $\Pi_{p(\mu)}$ et $\Pi_{p'(\mu)}$ comme des G-espaces (Remarque IV.5); les applications $\overline{p}$ et $\overline{p}'$ sont alors équivariantes. Soient H' le stabilisateur dans G d'un point x de $\Pi_{p'(\mu)}$, et H'_1 le stabilisateur de x dans G/R' . On a (Remarque IV.5) $H'_1 \simeq H'/R'$. Le groupe R' étant résoluble, a la propriété de point fixe , et H'_1 a la propriété de point fixe par rapport à G/R' (prop.II.1) . Le groupe H' a donc la propriété de point fixe par rapport à G (lemme II.8). En tenant compte du th.II.2, on voit que les hypothèses de la prop.II.2-a sont satisfaites et donc que $\overline{p}'$ est un revêtement d'ordre fini, ce qui établit (b).

Soit $B(G) = G/H(G)$ la frontière maximale de G. Il existe une application équivariante surjective q de Π_μ sur $B(G)$ (Remarque II.2). La prop. V.2 et le th. II.2 montrent que q vérifie les hypothèses de la prop. II.2-a, et par suite est un revêtement d'ordre fini. On peut donc écrire $\Pi_\mu = G/H$, où H est un sous-groupe fermé d'indice fini de H(G). Les groupes H et H(G) ont alors la même composante connexe de l'unité $H_0(G)$. Le groupe R' opère trivialement sur B(G) (prop. V.2) et est donc contenu dans H(G). A fortiori, H(G) contient R et Z (cf. déf. V.1). Comme R est connexe, ceci entraîne $R \subset H_0(G)$ et par suite $R \subset H$. Mais R est distingué; R est donc inclus dans le stabilisateur de chaque point de Π_μ. Le groupe R opère trivialement sur Π_μ ; on en conclut (lemme IV.2) que R est contenu dans le groupe des μ - périodes. L'ensemble $S_\mu S_\mu^{-1}$ contient tout sous-groupe distingué de G inclus dans le groupe des μ - périodes (prop. IV.3) et par suite contient R, ce qui démontre (c). Comme H est ouvert dans H(G), (d) résulte de [24], p. 227. Q.E.D.

Lemme V.1: Soient G un sous-groupe de Lie connexe du groupe linéaire réel GL(n) et R le radical de G. Le groupe G/R est alors semi-simple connexe de centre fini.

Soient $\underline{\underline{G}}$ et $\underline{\underline{R}}$ les algèbres de Lie respectives de G et R. Il existe une sous-algèbre semi-simple $\underline{\underline{S}}$ de $\underline{\underline{G}}$ telle que $\underline{\underline{G}} = \underline{\underline{R}} + \underline{\underline{S}}$ (somme directe). Soit S le sous-groupe de Lie connexe de G d'algèbre de Lie $\underline{\underline{S}}$. Puisque S est un sous-groupe semi-simple de GL(n) , S est fermé dans GL(n) et à fortiori dans G. Puisque $\underline{\underline{G}} = \underline{\underline{R}} + \underline{\underline{S}}$, tout élément d'un voisinage assez petit de e dans G peut s'écrire rs avec $r \in R$ et $s \in S$. Comme G est connexe et R distingué dans G, on en déduit que $G = RS$. Le groupe $R \cap S$ est un sous-groupe fermé distingué résoluble du groupe semi-simple S. Par suite, $R \cap S$ est discret. Mais un sous-groupe distingué discret d'un groupe connexe est nécessairement contenu dans le centre du groupe. Donc $R \cap S$ est un sous-groupe du centre C de S. Le centre C de S est un groupe fini, car S est un sous-groupe de Lie connexe semi-simple de GL(n). Puisque $G = RS$, le groupe G/R est isomorphe au groupe $S/R \cap S$. Puisque C contient $R \cap S$, on a un homomorphisme naturel de $S/R \cap S$ sur S/C, et l'image du centre de $S/R \cap S$ est contenue dans le centre de S/C. Mais S/C est isomorphe au groupe adjoint de S et par suite est de centre trivial. Le centre de $S/R \cap S$ est donc égal à $C/R \cap S$ et est par conséquent fini. Le groupe G/R est donc semi-simple connexe de centre fini.

Q.E.D.

Proposition V.4: Soit G un sous-groupe de Lie connexe du groupe linéaire réel GL(n) et soit R le radical de G. Soient μ *une mesure de probabilité étalée sur G, et* Π_μ *son espace de Poisson. Pour que G soit transitif sur* Π_μ *, il faut et il suffit que le groupe des* μ*-périodes contienne R.*

On a vu (prop. V.3-c) que la condition est nécessaire. Inversement supposons que le groupe des μ - périodes contienne R. Soit p l'application naturelle de G sur G/R. D'après la prop. IV.4-b), l'application $\bar{p}$ de Π_μ sur $\Pi_{p(\mu)}$ est un isomorphisme. La mesure $p(\mu)$ est étalée sur G/R car μ est étalée sur G (lemme IV.9-a). D'après le lemme V.1, G/R est semi-simple connexe de centre fini, donc de type (T). Par suite, G/R est transitif sur $\Pi_{p(\mu)}$, ce qui entraîne que G est transitif sur Π_μ car $\bar{p}$ est un isomorphisme.

Q.E.D.

V.3. RADICAL D'UN GROUPE DE TYPE (T):

On a vu (prop. V.1) que si G est un groupe de Lie connexe de type (T), le groupe des automorphismes intérieurs de son algèbre de Lie $\underline{\underline{G}}$ est de type (T). Nous allons montrer que cette propriété de $\underline{\underline{G}}$ fait essentiellement intervenir le radical de $\underline{\underline{G}}$.

Théorème V.1: Soient $\underline{\underline{G}}$ une algèbre de Lie réelle, $\underline{\underline{R}}$ son radical, et G son groupe adjoint. On suppose que le groupe G est de type (T). Alors, pour tout $X \in \underline{\underline{R}}$, les valeurs propres de $ad_{\underline{\underline{G}}}(X)$ (qui sont les mêmes que celles de $ad_{\underline{\underline{R}}}(X)$) sont imaginaires pures.

La démonstration que nous avions construite était nettement plus compliquée que celle que nous présentons ici. Le raisonnement qui suit, dû à Cartier, reprend de facon plus efficace l'essentiel de nos arguments initiaux.

Posons $\underline{\underline{N}} = [\underline{\underline{G}}, \underline{\underline{R}}]$; on sait que $\underline{\underline{N}}$ est un idéal nilpotent de $\underline{\underline{G}}$. Pour tout $X \in \underline{\underline{R}}$, $\mathrm{ad}_{\underline{\underline{G}}} X$ applique $\underline{\underline{G}}$ dans $\underline{\underline{N}}$, donc a mêmes valeurs propres non nulles que sa restriction à $\underline{\underline{N}}$. On va démontrer le théorème par récurrence sur la dimension de $\underline{\underline{G}}$.

<u>Premier cas</u>: $\underline{\underline{N}}$ n'est pas commutative.

Soit $\underline{\underline{Z}}$ le centre de $\underline{\underline{N}}$; par hypothèse, on a $\underline{\underline{N}} \neq \underline{\underline{Z}}$, donc l'algèbre de Lie nilpotente $\underline{\underline{N}}/\underline{\underline{Z}}$ a un centre non nul. Il existe par conséquent $X \in \underline{\underline{N}}$ n'appartenant pas à $\underline{\underline{Z}}$, tel que $[X, \underline{\underline{N}}] \subset \underline{\underline{Z}}$; comme $X \notin \underline{\underline{Z}}$, on a $[X, \underline{\underline{N}}] \neq 0$, donc

$$\underline{\underline{J}} = [\underline{\underline{N}}, \underline{\underline{N}}] \cap \underline{\underline{Z}}$$

est un idéal non nul de $\underline{\underline{G}}$. L'algèbre $\underline{\underline{G}}_1 = \underline{\underline{G}}/\underline{\underline{J}}$ est par suite de dimension strictement plus petite que $\underline{\underline{G}}$, et son radical est $\underline{\underline{R}}_1 = \underline{\underline{R}}/\underline{\underline{J}}$; le groupe adjoint G_1 de l'algèbre $\underline{\underline{G}}_1$ est un quotient du groupe adjoint G de $\underline{\underline{G}}$. Comme G est de type (T) par hypothèse, G_1 est de type (T) (prop. IV.6) . Soient alors $X \in \underline{\underline{R}}$ et X_1 sa classe modulo $\underline{\underline{J}}$. Par l'hypothèse de récurrence, les valeurs propres de $\mathrm{ad}_{\underline{\underline{G}}_1} X_1$ dans $\underline{\underline{R}}_1$ sont imaginaires pures. Soient $\underline{\underline{N}}'$, $\underline{\underline{J}}'$, $\underline{\underline{N}}'_1$ les algèbres de Lie complexifiées de $\underline{\underline{N}}, \underline{\underline{J}}, \underline{\underline{N}}_1$ (avec $\underline{\underline{N}}_1 = \underline{\underline{N}}/\underline{\underline{J}}$). Soit ξ (resp. ξ_1) l'extension de $\mathrm{ad}_{\underline{\underline{G}}} X$ (resp. $\mathrm{ad}_{\underline{\underline{G}}_1} X_1$) à l'algèbre $\underline{\underline{N}}'$ (resp. $\underline{\underline{N}}'_1$). Soit σ la partie semi-simple de ξ . Puisque ξ est une dérivation de $\underline{\underline{N}}'$, sa partie semi-simple σ est aussi une dérivation de $\underline{\underline{N}}'$ ([3] vol. II, p. 179). L'idéal $\underline{\underline{J}}'$ de $\underline{\underline{N}}'$ est donc invariant par σ , et il existe un sous-espace $\underline{\underline{K}}'$ de $\underline{\underline{N}}'$ invariant par σ et tel que $\underline{\underline{N}}' = \underline{\underline{J}}' \oplus \underline{\underline{K}}'$. Toute valeur propre de σ dans $\underline{K}'$ est évidemment une valeur propre de $ad_{\underline{G}_1} X_1$. Par conséquent, l'hypothèse de récurrence entraîne que toutes les valeurs propres de σ dans $\underline{K}'$ sont imaginaires pures. Puisque σ est semi-simple, il existe une base $V_1 \dots V_n$ de $\underline{K}'$ formée de vecteurs propres de σ ; notons $\lambda_1 \dots \lambda_n$ les valeurs propres associées (qui sont imaginaires pures). Soit T un vecteur propre de σ dans $\underline{J}'$. Par construction

$$\underline{J}' \subset [\underline{N}', \underline{N}'], \quad \text{et} \quad [\underline{N}', \underline{N}'] = [\underline{K}', \underline{K}']$$

puisque $\underline{J}'$ est contenu dans le centre de $\underline{N}'$. On a donc $T \in [\underline{K}', \underline{K}']$, ce qui permet d'écrire

$$T = \sum_{1 \leqslant i,\, j \leqslant n} c_{ij} [V_i, V_j]$$

où les c_{ij} sont des nombres complexes. On peut évidemment supposer que la famille des vecteurs $[V_i, V_j]$ affectés d'un coefficient c_{ij} non nul, est indépendante.

On a

$$\sigma([V_i , V_j]) = [\sigma(V_i), V_j] + [V_i , \sigma(V_j)] = (\lambda_i + \lambda_j)[V_i ,V_j]$$

L'indépendance des $[V_i , V_j]$ et le fait que $\sigma(T) = \lambda T$ montrent que λ est de la forme $\lambda_i + \lambda_j$ avec $1 \leqslant i, j \leqslant n$. Par conséquent λ est imaginaire pure. Toutes les valeurs propres de σ , et par suite toute celles de $ad_{\underline{G}} X$, sont donc imaginaires pures.

<u>Deuxième cas</u>: $\underline{N}$ est commutative.

Soit ρ la représentation adjointe de $\underline{G}$ dans l'idéal $\underline{N}$. Comme $\underline{N}$ est commutative, on a $\rho(\underline{N}) = 0$ et comme

$$[\underline{G}, \underline{R}] = \underline{N} \quad ,$$

on voit que tout élément de $\rho(\underline{G})$ commute à tout élément de $\rho(\underline{R})$; en particulier, les éléments de $\rho(\underline{R})$ commutent deux à deux.

Soit $\underline{G}'$ et $\underline{N}'$ les complexifications respectives de $\underline{G}$ et $\underline{N}$. Soit n la dimension de $\underline{N}'$ sur le corps des nombres complexes. Pour toute forme linéaire α sur $\underline{R}$, à valeurs complexes, on note $\underline{H}_\alpha$ l'intersection des noyaux dans $\underline{N}'$ des opérateurs $(\rho(X) - \alpha(X)I)^n$ pour X dans $\underline{R}$ (I est l'application identique de $\underline{N}'$ sur $\underline{N}'$). On sait(*) que si Δ est l'ensemble des α tels que $\underline{H}_\alpha \neq 0$, on a

$$\underline{N}' = \bigoplus_{\alpha \in \Delta} \underline{H}_\alpha \quad .$$

Les éléments de $\rho(\underline{G})$ commutant avec ceux de $\rho(\underline{R})$, laissent nécessairement stable chaque $\underline{H}_\alpha$; les $\underline{H}_\alpha$ sont donc des idéaux de $\underline{G}'$ pour tout $\alpha \in \Delta$. On note $\underline{P}_\alpha$ le sous-espace de $\underline{H}_\alpha$ engendré par les éléments $(\rho(X)u - \alpha(X)u)$ pour $X \in \underline{R}$ et $u \in \underline{H}_\alpha$; le théorème d'Engel entraîne $\underline{H}_\alpha \neq \underline{P}_\alpha$ pour tout $\alpha \in \Delta$.

(*) Séminaire Sophus Lie (1954-55), Paris, exp. 9 (F. Bruhat), th. 1.

Il est clair que, pour tout $X \in \underline{\underline{R}}$, les valeurs propres non nulles de $\mathrm{ad}_{\underline{\underline{G}}} X$ sont de la forme $\alpha(X)$ avec $\alpha \in \Delta$. On va raisonner par l'absurde et supposer que les valeurs propres de $\mathrm{ad}_{\underline{\underline{G}}} X$ ne sont pas toujours imaginaires pures. On peut alors choisir $X_0 \in \underline{\underline{R}}$ et $\alpha_0 \in \Delta$ avec $\mathrm{Re}\, \alpha_0(X_0) \neq 0$, d'où $X_0 \notin \underline{\underline{N}}$. Comme on a $[\underline{\underline{G}}, \underline{\underline{R}}] = \underline{\underline{N}}$, on voit que $E = C.X_0 + \underline{\underline{N}}'$ est un idéal de $\underline{\underline{G}}'$ (C est le corps des nombres complexes). On pose

$$F = \underline{\underline{P}}_{\alpha_0} + \sum_{\alpha \neq \alpha_0} \underline{\underline{H}}_{\alpha} .$$

Alors, on a $F \subset \underline{\underline{N}}' \subset E$ (inclusions strictes) et F est un idéal de $\underline{\underline{G}}'$. Posons $L = E/F$ et $Q = \underline{\underline{N}}'/F$; on a alors

$$L = C.x_0 + Q$$

où x_0 est la classe de X_0 modulo F. Comme E et F sont des idéaux de $\underline{\underline{G}}'$, le groupe adjoint G de $\underline{\underline{G}}$ les laisse stables, et l'on a une représentation linéaire Φ de G dans l'espace L. Pour $X \in \underline{\underline{G}}$, on a $[X, X_0] \in \underline{\underline{N}}$ car $X_0 \in \underline{\underline{R}}$. On en déduit immédiatement $\Phi(g)x_0 - x_0 \in Q$ pour tout $g \in G$. Il est alors facile de vérifier qu'on définit une structure de G-espace sur Q en posant

$$g.x = \Phi(g)(x + x_0) - x_0 \quad , \text{pour } g \in G, x \in Q .$$

Choisissons une norme sur l'espace vectoriel complexe Q. On note K l'ensemble des $x \in Q$ telle $||x|| \leq 1$ et U l'ensemble des $x \in Q$ tel que $||x|| < 1$. L'ensemble des $g \in G$

tels que $g.K \subset U$ est un semi-groupe S de G, et il est ouvert, car K est compact et U est ouvert dans Q. Montrons que S est non vide. Soit $s = \exp \mathrm{ad}_{\underline{G}} X_o$; par construction, on a $[X_o, X] = \alpha_o(X_o) X$ (modulo F) pour $X \in \underline{N}'$.
On en déduit

$$s.x = e^{\alpha_o(X_o)} x \quad , \quad (x \in Q) \ ;$$

or on a

$$|e^{\alpha_o(X_o)}| \neq 1$$

car $\alpha_o(X_o)$ n'est pas imaginaire pur. Par suite, on a $s \in S$ ou $s^{-1} \in S$ et S n'est pas vide.

Soit μ une mesure de probabilité sur G équivalente à la restriction d'une mesure de Haar à S; alors μ est étalée. On a $S.K \subset K$ et K est compact. Il existe donc une mesure de probabilité λ sur K telle que $\mu * \lambda = \lambda$. Pour toute fonction continue bornée f sur Q, la fonction $f * \lambda$ est μ - harmonique. Comme G est de type (T), G est transitif sur Π_μ.
Tout élément h du radical R de G est donc une μ - période (prop. V.3), ce qui entraîne $\langle f, h\lambda \rangle = \langle f, \lambda \rangle$ pour toute fonction $f \in C(Q)$. On a donc $h\lambda = \lambda$ pour tout $h \in R$. Or, pour $X \in \underline{N}$, on a

$$e^{\mathrm{ad}\, X}. X_o = X_o + [X, X_o]$$

car $\underline{N}$ est commutative et $[X, X_o] \in \underline{N}$; on en déduit que $e^{\mathrm{ad}\, X}$ agit sur Q par la translation $\alpha_o(X_o)\, p(X)$ où p est l'application canonique de $\underline{N}$ dans $Q = \underline{N}'/F$. On peut toujours supposer que $X \notin F$ car $\underline{N}'$ est différent de F. Le vecteur p(X) est alors non nul. Comme $e^{\text{ad } X}$ est dans R, on en déduit que λ est invariante par un groupe de translations non nulles, ce qui est impossible puisque λ est à support compact. On a obtenu la contradiction cherchée.

Q.E.D.

Corollaire: Soit G un groupe localement compact à base dénombrable. Si G est de type (T), G est nécessairement unimodulaire.

Supposons d'abord que G soit un groupe de Lie connexe de type (T); soient $\underline{G}$ son algèbre de Lie, $\underline{R}$ le radical de $\underline{G}$. On a $\underline{G} = [\underline{G}, \underline{G}] + \underline{R}$ (d'après l'existence d'une décomposition de Lévi pour $\underline{G}$). Puisque G est de type (T), le groupe adjoint de G est de type (T) (prop. V.1). D'après le th. V.1, pour tout $X \in \underline{R}$, ad X a toutes ses valeurs propres imaginaires pures et est donc de trace nulle. D'autre part on a, pour X et Y dans $\underline{G}$,

$$\text{tr}(\text{ad } [X, Y]) = \text{tr}(\text{ad}X \, \text{ad}Y - \text{ad}Y \, \text{ad}X) = 0 \ .$$

Finalement pour tout $X \in \underline{G}$ on a $\text{tr}(\text{ad } X) = 0$ ce qui montre que G est unimodulaire (car G est connexe).

Si G est un groupe de Lie de type (T) à base dénombrable, sa composante connexe G_o est de type (T) et G/G_o est fini (cor. 2 de prop. IV.1). D'après ce qui précède, G_o est unimodulaire. On en déduit immédiatement que G est unimodulaire. Si G est un groupe localement compact à base dénombrable de type (T), il existe (th. IV.2) un sous-groupe compact distingué K de G tel que G/K soit un groupe de Lie de type (T). Par suite, G/K est unimodulaire. Comme K est compact, on en conclut que G est unimodulaire.

Q.E.D.

Nous allons montrer que si G est une extension compacte d'un groupe résoluble (et en particulier si G est résoluble), la condition nécessaire donnée au th.V.1 est aussi suffisante pour que G soit de type (T).

V.4 CARACTERISATION DES GROUPES DE TYPE (T) AYANT LA PROPRIETE DE POINT FIXE:

D'après le th. II.5, les groupes de Lie connexes ayant la propriété de point fixe sont les groupes de Lie connexes qui sont extensions compactes de leur radical. Le résultat suivant détermine tous les groupes de Lie connexes de type (T) ayant la propriété de point fixe.

Théorème V.2: Soient G un groupe de Lie connexe, R son radical, $\underline{G}$ et $\underline{R}$ les algèbres de Lie respectives de G et R. Supposons G/R compact. Les propriétés suivantes sont alors équivalentes:

a) G est de type (T);

b) le groupe adjoint de G est de type (T);

c) pour tout $X \in \underline{R}$ *, les valeurs propres de* $ad_{\underline{R}} X$ *(qui sont les mêmes que celles de* $ad_{\underline{G}} X$*) sont imaginaires pures;*

d) le radical R de G est de type (T).

On a déjà vu que (a) implique (b) (prop. V.1). Le fait que (b) implique (c) résulte du th. V.1. Nous allons montrer que (c) entraîne (a), par récurrence sur la dimension de l'algèbre $\underline{G}$. Posons $[\underline{G}, \underline{R}] = \underline{N}$. Supposons d'abord que $\underline{N} = 0$. L'idéal $\underline{R}$ de $\underline{G}$ est alors contenu dans le centre de $\underline{G}$, et par suite, le sous-groupe connexe R de G est contenu dans la composante connexe du centre de G. Pour toute mesure de probabilité μ étalée sur G, le groupe R est donc contenu dans le groupe des μ - périodes (prop. IV.2). D'après la prop. IV.4-b, si p est l'homomorphisme naturel de G sur G/R, l'application associée $\bar{p}$ de Π_μ sur $\Pi_{p(\mu)}$ est un isomorphisme. Mais G/R étant par hypothèse compact, est transitif sur $\Pi_{p(\mu)}$ (prop. IV.9). Le groupe G est donc transitif sur Π_μ et par suite est de type (T).

Supposons maintenant $\underline{N}$ non nulle. Puisque l'algèbre $\underline{N}$ est nilpotente, le centre $\underline{Z}$ de $\underline{N}$ est alors non nul. Soit ρ la représentation adjointe de $\underline{G}$ dans l'espace $\underline{Z}$. On a

$$\rho([\underline{G}, \underline{R}]) = \rho(\underline{N}) = 0 .$$

Tout élément de $\rho(\underline{G})$ commute donc avec tout élément de $\rho(\underline{R})$, et en particulier, l'ensemble $\rho(\underline{R})$ est une famille commutative d'opérateurs.

Soit $\underline{\underline{Z}}'$ l'algèbre complexifiée de $\underline{\underline{Z}}$. Pour toute forme linéaire α à valeurs complexes sur $\underline{\underline{R}}$, soit H_α l'ensemble des vecteurs $V \in \underline{\underline{Z}}$ tels que $\rho(X).V = \alpha(X)V$ pour tout $X \in \underline{\underline{R}}$. Puisque $\rho(R)$ est commutative, il est clair qu'il existe une forme linéaire α telle que $H_\alpha \neq 0$. Soit H la somme des espaces vectoriels H_α et $H_{\bar{\alpha}}$ ($\bar{\alpha}$ est la forme conjuguée de α) et posons $\underline{\underline{J}} = \underline{\underline{Z}} \cap H$. Tout élément de $\rho(\underline{\underline{G}})$ commute avec $\rho(\underline{\underline{R}})$ et donc laisse stables H_α et $H_{\bar{\alpha}}$. Par suite $\underline{\underline{J}}$ est un idéal non nul de $\underline{\underline{G}}$. Tout vecteur V de $\underline{\underline{J}}$ peut s'écrire $V = V_1 + \bar{V}_1$ avec $V_1 \in H_\alpha$. Pour $X \in \underline{\underline{R}}$, on a alors $\text{Ad} \exp X.V = e^{\alpha(X)} V_1 + e^{\bar{\alpha}(X)} \bar{V}_1$. L'hypothèse (c) entraîne que $\alpha(X)$ est imaginaire pur pour $X \in \underline{\underline{R}}$. Si $r \in R$ est assez voisin de l'unité, on a donc

$$\text{Ad}\, r \,.\, V = e^{i\theta} V_1 + e^{-i\theta} \bar{V}_1$$

où θ est réel. Puisque R est connexe, on voit que $\text{Ad}\, r$ est de cette forme pour tout $r \in R$. Par conséquent, il existe un sous-groupe compact K_1 du groupe linéaire $GL(\underline{\underline{J}})$ tel que la restriction de $\text{Ad}(R)$ à $\underline{\underline{J}}$ soit contenue dans K_1. Mais G/R est supposé compact. La restriction de $\text{Ad}(G)$ à $\underline{\underline{J}}$ est donc contenue dans un sous-groupe compact K de $GL(\underline{\underline{J}})$. Soit μ une mesure de probabilité étalée sur G, et soit S_μ le semi-groupe ouvert non vide associé à μ (déf. IV.2). Soit U un voisinage de l'unité contenu dans $S_\mu S_\mu^{-1}$. Il existe un voisinage U_1 de 0 dans $\underline{\underline{J}}$ tel que $\exp U_1 \subset U$. Comme K est compact, il existe un voisinage U_2 de 0 dans $\underline{\underline{J}}$ tel que

$$K \cdot U_2 \subset U_1 \quad .$$

Pour tout élément j dans $\exp U_2$, et pour tout $g \in G$, on a

$$g^{-1}jg \in \exp(\mathrm{Ad}g \cdot U_2) \subset \exp(K \cdot U_2) \subset U \quad .$$

La classe de conjugaison de j dans G est donc relativement compacte, et contenue dans $S_\mu S_\mu^{-1}$. D'après le th. IV.1, l'élément j est donc une μ - période. Le groupe des μ - périodes contient donc $\exp U_2$. Mais si J est le sous-groupe de Lie connexe de G d'algèbre de Lie $\underline{\underline{J}}$, $\exp U_2$ est un voisinage de l'unité dans J. Le groupe des μ - périodes contient donc J. Comme μ est étalée, le groupe des μ - périodes est fermé (lemme IV.2), et contient donc l'adhérence $\overline{J}$ de J. Soit p l'application naturelle de G sur $G/\overline{J}$. L'application

$$\overline{p} : \Pi_\mu \to \Pi_{p(\mu)}$$

associée à p est un isomorphisme (prop. IV.4-b). Pour que G soit transitif sur Π_μ, il suffit donc que $G/\overline{J}$ soit transitif sur $\Pi_{p(\mu)}$. Or, il est évident que l'algèbre de Lie $\underline{\underline{G}}$ vérifiant (c), toute algèbre quotient $\underline{\underline{G}}/\underline{\underline{J}}$ vérifie encore (c). L'hypothèse de récurrence entraîne donc que G/J est de type (T) (car le quotient de G/J par son radical est compact). Puisque μ est étalée, la mesure $p(\mu)$ est étalée sur G/J (lemme IV.9-a) et par suite G/J est transitif sur $\Pi_{p(\mu)}$, ce qui entraîne que G est transitif sur Π_μ . Le groupe de G est donc de type (T); nous avons ainsi montré que (c) implique (a).

Les assertions (a), (b), (c) sont donc équivalentes. En appliquant l'équivalence de (a) et (c) au cas où G est un groupe de Lie résoluble connexe, on obtient l'équivalence de (c) et (d).

Q.E.D.

Le théorème précédent caractérise donc, en particulier, les groupes de Lie résolubles connexes qui sont de type (T).

Corollaire: Soit G un groupe de Lie connexe. Si G est de type (T), son radical est aussi de type (T).

En effet, si G est de type (T), le radical $\underline{R}$ de son algèbre de Lie vérifie nécessairement la propriété (c) du th. V.2 (cf. Remarque V.2). Le radical R de G est résoluble et connexe et a pour algèbre de Lie $\underline{R}$. Il est donc de type (T) d'après le th. V.2.

Q.E.D.

Remarque V.3: On constate que si G est un groupe de Lie connexe de radical R, le fait que G soit de type (T) implique que R et G/R sont de type (T). La réciproque est vraie si G/R est compact (th. V.2), ou bien si R est compact (prop. IV.4-c). Nous ne savons pas si la réciproque est vraie lorsqu'aucun des facteurs R et G/R n'est compact. La conjecture suivante, qui "coiffe" agréablement les th. V.1 et V.2, est dûe à C. Moore: soient G un groupe de Lie connexe, $\underline{G}$ son algèbre de Lie, $\underline{R}$ le radical de $\underline{\underline{G}}$; le groupe G est de type (T) si et seulement si pour tout $X \in \underline{\underline{G}}$, $ad_{\underline{\underline{R}}} X$ a ses valeurs propres imaginaires pures.

Théorème V.3: Soient G un groupe de Lie à base dénombrable, G_0 la composante connexe de l'unité dans G. Les propriétés suivantes sont équivalentes:

a) G est de type (T) et a la propriété de point fixe.

b) G/G_0 est fini, et G_0 est un groupe de type (T) ayant la propriété de point fixe.

c) G/G_0 est fini; le quotient de G_0 par son radical est compact; pour tout élément X du radical $\underline{\underline{R}}$ de l'algèbre de Lie de G, les valeurs propres de $ad_{\underline{\underline{R}}} X$ sont imaginaires pures.

d) Pour toute mesure de probabilité étalée μ sur G, l'espace de Poisson de μ est fini.

e) Pour toute mesure de probabilité étalée μ sur G, l'espace vectoriel des fonctions μ - harmoniques est de dimension finie.

f) G/G_0 est fini; pour toute mesure de probabilité étalée μ sur G, une fonction mesurable bornée sur G est μ - harmonique si et seulement si elle admet comme périodes tous les points du support de μ .

(a) ⇒ (b) Il suffit d'appliquer le cor.2 de la prop.IV.1 et [24], p. 227.

(b) $\Longleftrightarrow$ (c) Cette équivalence résulte immédiatement de la caractérisation (th. II.5) des groupes de Lie connexes ayant la propriété de point fixe, et du th. V.2.

(c) $\Rightarrow$ (a) Supposons (c) vérifiée. Le groupe G a la propriété de point fixe, puisque G/G_o et G_o ont la propriété de point fixe (lemme II.8). La démonstration de l'implication (c) $\Rightarrow$ (a) donnée au th. V.2 prouve l'existence d'un sous-groupe distingué fermé J de G_o, différent de $\{e\}$ tel que pour tout voisinage U de l'unité dans G_o, il existe un voisinage V de l'unité dans J, dont tous les conjugués gVg^{-1} ($g \in G_o$) soient contenus dans U. Puisque G/G_o est fini il existe un sous-ensemble fini K de G tel que $G = KG_o$. Soient μ une mesure de probabilité étalée sur G, et S_μ le semi-groupe ouvert dans G associé à μ (déf. IV.2). Soit U_1 un voisinage compact de l'unité dans G, contenu dans $S_\mu S_\mu^{-1}$. Puisque K est fini, il existe un voisinage de l'unité U dans G tel que

$$k\,U\,k^{-1} \subset U_1 \qquad \text{pour tout } k \in K .$$

Soit alors V un voisinage de l'unité dans J tel que

$$g_o V g_o^{-1} \subset U \qquad \text{pour tout } g_o \in G_o .$$

Puisque $G = KG_o$, on a

$$gVg^{-1} \subset U_1 \subset S_\mu S_\mu^{-1} \quad , \quad \text{pour tout } g \in G .$$

D'après le th. IV.1, tout élément de V est donc une μ - période; on en déduit puisque J est connexe que le groupe des μ - périodes contient J. En passant au quotient par J, on démontre par récurrence, comme au th. V.2, que G est de type (T). Par conséquent, l'assertion (a) est demontrée.

On a obtenu l'équivalence de (a), (b), et (c). L'équivalence de (d), (e), et (f) résulte de la prop. IV.7 et l'équivalence de (a) et (d) se déduit des prop. IV.7 et IV.8.

Q.E.D.

Nous avons donc déterminé tous les groupes de Lie de type (T) ayant la propriété de point fixe. Leurs espaces de Poisson sont décrits par la prop. IV.7.

Remarque V.4: Il est évident d'après le th. V.3 et la prop. IV.7 qu'un groupe de Lie G (à base dénombrable) de type (T) ayant la propriété de point fixe ne possède à isomorphisme près qu'un nombre fini d'espaces de Poisson (relatifs aux mesures étalées); les espaces de Poisson des mesures étalées correspondent aux sous-groupes ouverts de G donc aux sous-groupes du groupe fini G/G_o.

Remarque V.5: H. Heyer nous a suggéré la possibilité d'étendre la plupart des résultats de ce paragraphe aux groupes localement compacts de type (T) ayant la propriété de point fixe, en utilisant les résultats de [24]. La formulation des résultats plausibles est évidente et en reprenant les méthodes utilisées ici, les résultats du ch. IV, et le th. II.5, les extensions possibles ne semblent présenter aucune difficulté de démonstration.

V.5 CONTRE-EXEMPLES:

Nous étudions sommairement les espaces de Poisson d'un groupe de Lie résoluble qui n'est pas de type (T), le groupe G_p des matrices triangulaires d'ordre p à coefficients complexes.

Théorème V.4: Soit G_p *le groupe des matrices triangulaires supérieures d'ordre* p *, à coefficients complexes.*
Pour $g = (g_{ij}) \in G_p$ *, posons*

$$\theta_i(g) = \frac{g_{i+1,\, i+1}}{g_{i,\, i}} \quad et \quad \beta_i(g) = \frac{g_{i,\, i+1}}{g_{i,\, i}}, \quad (i \in [1, p-1]).$$

Soit μ *une mesure de probabilité étalée sur* G_p .

a) Si on a

$$-\infty \leq \int \log|\theta_i(g)|\, d\mu(g) < 0 \quad , \text{ pour tout } i \in [1, p-1] \quad ,$$

alors G_p *est transitif sur* Π_μ *, qui est réduit à un point. Les fonctions* μ *- harmoniques sont constantes.*

b) S'il existe un $i \in [1, p-1]$ *tel que*

$$0 < \int \log|\theta_i(g)|\, d\mu(g) \leq +\infty \quad ,$$

et tel que

$$\int |\beta_i(g)|\ d\mu(g) < +\infty \quad et \quad \int |\beta_i^2(g)|\ d\mu(g) < +\infty \quad ,$$

alors G_p *n'est pas transitif sur* Π_μ .

Soient D le groupe abélien des matrices diagonales, N le groupe nilpotent des matrices ayant uniquement des 1 sur la diagonale principale, H le centre de N (ensemble des matrices (h_{ij}) dont tous les éléments sont nuls sauf h_{1p} , et les éléments de la diagonale principale - égaux à 1). Tout élément $g \in G_p$ s'écrit de facon unique $g = \eta\delta$, avec $\eta \in N$, $\delta \in D$. Soient $h \in H$ et $g = \eta\delta \in G_p$. On a

(1) $\qquad g^{-1}hg = \delta^{-1}h\delta \qquad ,$

car h est dans le centre de N. Posons

$$\delta = (\delta_{ij}),\ g = (g_{ij}),\ h = (h_{ij}),\ g^{-1}hg = (h'_{ij}) \quad .$$

On obtient, d'après (1), en notant que $\delta_{ii} = g_{ii}$,

(2) $\qquad h'_{1p} = \dfrac{g_{pp}}{g_{11}}\ h_{1p} \quad .$

Posons

(3) $\qquad \theta(g) = \dfrac{g_{pp}}{g_{11}} \qquad (g \in G_p) \quad .$

Soient μ une mesure de probabilité sur G_p et $\{\ \Omega,\ (X_n),\ (P_g)\}$

la marche aléatoire de loi μ sur G (cf. §I.1). Posons, pour $h \in H$ fixé,

(4) $$X_n^{-1} h X_n = (h_{i,j}^{(n)})$$

Les $h_{i,j}^{(n)}$ sont des variables aléatoires sur Ω et on a d'après (2) et (3),

(5) $$h_{1p}^{(n)} = \theta(X_n)\, h_{1p} .$$

On peut évidemment écrire

(6) $$X_n = Y_1 Y_2 \dots Y_n \quad , \; P_e - \text{p.s.}$$

où les Y_i sont des variables aléatoires indépendantes définies sur (Ω, P_e) à valeurs dans G_p, et de loi μ. Supposons que

(7) $$-\infty \leqslant k = \int_{G_p} \log |\theta(g)| \, d\mu(g) < 0 .$$

Alors $E_e(\log |\theta(Y_n)|) = k$, pour tout entier n et on a, d'après la loi des grands nombres

(8) $$\lim_{n \to \infty} \frac{1}{n} \sum_{j=1}^{n} \log |\theta(Y_n)| = k \quad (P_e\text{-p.s.}) .$$

Comme θ est un homomorphisme, (8) entraîne

(9) $$\lim_{n \to \infty} \frac{1}{n} \log |\theta(X_n)| = k \qquad (P_e - p.s.) .$$

On déduit de (9) et (7)

(10) $$\limsup_{n \to \infty} (\log |\theta(X_n)|) \leq 0 \qquad (P_e - p.s.)$$

ce qui entraîne

(11) $$\limsup_{n \to \infty} |\theta(X_n)| \leq 1 \qquad (P_e - p.s.) .$$

En rapprochant (5) et (11) , on constate que si (7) est vérifiée, la suite $X_n^{-1}hX_n$ est P_e -p.s. bornée (pour $h \in H$ fixé) et que, P_e - p.s., l'ensemble de ses points d'accumulation est contenu dans la boule de H de rayon $||h||$ (on note $||h|| = |h_{1p}|$). Supposons μ étalée et soit S_μ le semi-groupe ouvert associé à μ . Si on choisit h assez voisin de e, la boule de rayon $||h||$ dans H est contenue dans $S_\mu S_\mu^{-1}$. Le th. IV.1 montre alors que le groupe des μ - périodes contient un voisinage de e dans H, donc contient H (qui est connexe). Comme H est distingué, on peut passer au quotient par H (prop. IV.4). Posons, pour $g = (g_{ij}) \in G_p$

$$\theta_i(g) = \frac{g_{i+1,i+1}}{g_{ii}} \qquad (i \in [1,p-1]) .$$

Il est facile de voir que si on a

$$(12) \qquad -\infty \leq \int \log |\theta_i(g)| \, d\mu(g) < 0 \qquad (i \in [1,p-1])$$

on peut réitérer le raisonnement précédent, et montrer que N est contenu dans le groupe des μ - périodes. Comme G_p/N est abélien connexe, on voit alors que le groupe des μ - périodes est égal à G_p . Si (12) est réalisée, les fonctions μ - harmoniques sont donc constantes et Π_μ est réduit à un point.

Supposons qu'il existe $r \in [1,p-1]$ tel que

$$(13) \qquad 0 < \int \log |\theta_r(g)| \, d\mu(g) \leq +\infty$$

Supposons μ étalée. Comme G_p a la propriété de point fixe, et est connexe, G_p ne peut être transitif sur Π_μ que si Π_μ est réduit à un point (prop. IV.8). Pour prouver que G_p n'est pas transitif sur Π_μ, il suffit donc de construire une fonction μ - harmonique non constante.

Soit $\rho: G_p \to G_2$ l'homomorphisme de groupes défini par

$$(g_{ij}) \to \begin{pmatrix} g_{r,r} & g_{r,r+1} \\ 0 & g_{r+1,r+1} \end{pmatrix}$$

Soit $\bar{\mu} = \rho(\mu)$. Il suffit de construire une fonction $\bar{\mu}$ - harmonique non constante sur G_2 . On est donc ramené au cas $p = 2$. Soit

$$g = \begin{pmatrix} a & b \\ 0 & c \end{pmatrix}$$

un élément quelconque de G_2 . On pose

$$(14) \qquad A(g) = \frac{a}{c} \qquad \text{et} \qquad B(g) = \frac{b}{c} ,$$

ce qui entraîne, en notant

$$B(g_i) = B_i , \quad A(g_i) = A_i \qquad (g_i \in G_2 , \; i = 1 \dots n),$$

$$(15) \qquad B(g_1 g_2 \dots g_n) = B_1 + A_1 B_2 + A_1 A_2 B_3 + \dots + A_1 A_2 \dots A_{n-1} B_n .$$

Soit $\{\Omega, (X_n), (P_g)\}$ la marche aléatoire de loi $\overline{\mu}$ sur G_2 . Les égalités (6) et (15) impliquent

$$(16) \quad B(X_n) = B(Y_1) + \sum_{k=2}^{n} A(Y_1)A(Y_2)\dots A(Y_{k-1})B(Y_k)$$

où les (Y_k) sont des variables aléatoires indépendantes, définies sur (Ω, P_e) , à valeurs dans G_2 , et de loi $\overline{\mu}$.
D'après (14) et les définitions de ρ et de $\overline{\mu}$, (13) entraîne

$$(17) \qquad -\infty \leqslant \int_{G_2} \log |A(g)| \, d\overline{\mu}(g) < 0$$

Soit m la valeur de l'intégrale dans (17). Comme plus haut, la loi des grands nombres montre que

$$(18) \qquad \lim_{n \to \infty} |A(Y_1)A(Y_2) \dots A(Y_n)|^{\frac{1}{n}} = \exp(m), (P_e\text{-p.s.}).$$

Supposons de plus que l'on ait

$$(19) \qquad b = \int_{G_2} |B(g)|\, d\bar{\mu}(g) < \infty \quad , \text{ et } \int_{G_2} |B(g)|^2\, d\bar{\mu}(g) < \infty \quad .$$

L'inégalité de Tchebitchev et le lemme de Borel-Cantelli montrent alors que

$$(20) \qquad \limsup_{n \to \infty} (n + b - |B(Y_n)|) \geq 0 \;, \qquad (P_e\text{-p.s.}) \;.$$

Mais (20) entraîne

$$(21) \qquad \limsup_{n \to \infty} |B(Y_n)|^{\frac{1}{n}} \leq 1 \qquad P_e - \text{p.s.}$$

Si on note $u_n = A(Y_1)A(Y_2) \ldots A(Y_{n-1})B(Y_n)$, on déduit de (17), (18) et (21) que

$$\lim_{n \to \infty} (u_n)^{\frac{1}{n}} \leq \exp(m) < 1 \qquad , (P_e - \text{p.s.}) \;.$$

La série de terme général u_n est P_e - p.s. convergente et d'après (16) on voit donc que $\lim_{n \to \infty} B(X_n)$ existe dans G_2 , P_e - p.s. Posons

$$(22) \qquad Z = \lim_{n \to \infty} B(X_n) \qquad (P_e - \text{p.s.}) \;.$$

On définit une structure de G_2-espace sur le corps des nombres complexes C par

(23) $g \cdot z = A(g)z + B(g)$, $(g \in G_2 , z \in C)$.

On déduit de (15), (23), et (6),

(24) $B(X_n) = B(Y_1Y_2 \ldots Y_n) = Y_1 . B(Y_2Y_3 \ldots Y_n)$.

La variable aléatoire $U = \lim_{n \to \infty} B(Y_2Y_3 \ldots Y_n)$ est définie presque-sûrement d'après (24) et a clairement même loi que Z. Par passage à la limite, (24) donne

(25) $Z = Y_1 . U$, $(P_e$ - p.s.) .

Soit ν la loi de Z et de U. L'égalité (25) donne immédiatement

$$\nu = \bar{\mu} * \nu \quad .$$

Le groupe G_2 de transformations de C contient les translations de C, et la seule mesure invariante par translation sur C est non bornée; il existe donc $g_0 \in G_2$ tel que $g_0\nu \neq \nu$. Soit alors f une fonction continue bornée sur C telle que

$$< f, g_0\nu > \neq < f, \nu > \quad .$$

La fonction $f*\nu$ (cf. §I.1) est $\bar{\mu}$ - harmonique sur G_2 et sépare les points g_0 et e . Par conséquent, si (13) et (19) sont vérifiées, il existe des fonctions μ - harmoniques non constantes sur G_p , et G_p n'est pas transitif sur Π_μ .

Q.E.D.

On constate que le comportement à la frontière de la marche aléatoire de loi μ sur G_p est essentiellement déterminé par l'image de la marche aléatoire dans G_p/N. Il semble que le th. V.4 puisse s'étendre, avec des modifications mineures, à tous les sous-groupes de G_p de la forme $N'D'$, où N' et D' sont respectivement des sous-groupes de N et D, et donc, en particulier, aux sous-groupes résolubles algébriques des groupes linéaires réels ou complexes, ainsi qu'aux sous-groupes résolubles qui interviennent dans la décomposition d'Iwasawa des groupes semi-simples.

Remarque V.6: La famille E_a (resp E_b) des mesures de probabilité étalées sur G_p satisfaisant l'hypothèse (a) (resp (b)) du th. V.4 et telle que $T_\mu = G_p$ (déf. II.2), est infinie. En effet, soit $g = (g_{ij}) \in G_p$ tel que

$$g_{pp} < g_{p-1,p-1} < \dots < g_{11}$$

et soit α une mesure de probabilité étalée ayant un support compact contenant un voisinage de l'unité. Il est clair qu'il existe un barycentre μ de δ_g et α qui appartient à E_a . On procède de même pour E_b . Il existe donc une infinité de couples (μ_1,μ_2) de mesures de probabilité étalées sur G_p telles que

$$T_{\mu_1} = T_{\mu_2} = G_p \;,$$

et telles que G_p soit transitif sur Π_{μ_1} et non transitif sur Π_{μ_2};

ceci montre que l'hypothèse "G transitif sur Π_{μ_1} et Π_{μ_2}" est essentielle dans le th. II.4.

Corollaire: Soit $G = SL(n, C)$ ou $SL(n, R)$; il existe une infinité de mesures de probabilité non étalées sur G dont les espaces de Poisson sont des espaces homogènes de G.

Supposons que $G = SL(n, C)$. On a la décomposition d'Iwasawa $G = KS$ où K est un sous-groupe compact maximal et $S = G_n/Z$ (G_n est le groupe des matrices triangulaires supérieures d'ordre n , Z le centre de G_n). D'après le th. V.4 il existe sur S une infinité de mesures de probabilité μ (étalées sur S) telles que $\Pi_\mu(S)$ soit réduit à un point (notations du §IV.1). Puisque G/S est homéomorphe à K, il existe une section continue pour l'application naturelle $G \to G/S$. On peut alors appliquer la prop. IV.1 (cf. Remarque IV.1), et on voit que $\Pi_\mu(G)$ est isomorphe à $G/S \times \Pi_\mu(S)$, donc à G/S . Il est évident que μ n'est pas étalée sur G. La démonstration est analogue pour $G = SL(n, R)$, et semble s'étendre à tous les groupes semi-simples connexes de centre fini.

Q.E.D.

Nous allons décrire une classe de mesures de probabilité étalées μ sur G_p telles que G_p ne soit pas transitif sur Π_μ , mais pour lesquelles on peut construire explicitement Π_μ . En fait nous traitons un cas plus général.

Proposition V.5: Soit G un groupe de Lie semi-simple connexe de centre fini et $G = KAN$ une décomposition d'Iwasawa de G (cf. ch. III). Soit S le groupe résoluble connexe AN . Il existe sur S une infinité de mesures de probabilité μ non singulières (par rapport à la mesure de Haar de S) telles que $\Pi_\mu(S)$ soit homéomorphe à la frontière maximale de G. Le groupe S n'est pas transitif sur $\Pi_\mu(S)$ mais il existe des points de $\Pi_\mu(S)$ dont l'orbite par S est dense dans $\Pi_\mu(S)$.

Ce résultat s'applique évidemment au cas de G_p ; il suffit de poser $G = SL(n, C)$ et $S = G_p/Z$ (Z centre de G_p).

Revenons au cas général; soit $G = KS$ une décomposition d'Iwasawa de G . On peut associer à tout élément $k \in K$ un homéomorphisme θ_k de S défini par

$$ks = \theta_k(s)k' \qquad (k' \in K, s \in S) .$$

Soit μ_1 une mesure de probabilité sur S et posons

$$\mu = \int \theta_k(\mu_1)\, dm(k)$$
$$\mu' = \mu * m$$

où m est la mesure de Haar normée sur K. Alors $\mu \in M^1(S)$ et $\mu' \in M^1(G)$, et si μ_1 est non singulière sur S, les mesures μ et μ' sont non singulières sur S et G respectivement. Il est facile de vérifier que

$$k\mu' = \mu' k \qquad \text{pour tout } k \in K .$$

Si f est μ' - harmonique sur G, on a donc

$$f(sk) = \langle f, sk\mu' \rangle = \langle f, s\mu' \rangle = f(s) , \ (k \in K, s \in S) .$$

On montre que la restriction de f à S (qui détermine f) est μ - harmonique sur S. On obtient ainsi une correspondance biunivoque entre les fonctions μ' - harmoniques sur G est les fonctions μ - harmoniques sur S, qui conserve la continuité uniforme à gauche. On en déduit que $\Pi_{\mu}(S)$ est homéomorphe à $\Pi_{\mu'}(G)$. Mais μ' est non singulière sur G et $K\mu' = \mu'$. D'après [8] par exemple, $\Pi_{\mu'}(G)$ est alors isomorphe à la frontière maximale B(G) de G, et les fonctions μ' -harmoniques sont harmoniques au sens usuel en tant que fonctions sur l'espace Riemannien symétrique G/K . Avec les notations du ch. III. on a $S = AN$ et

$$B(G) = G/MAN .$$

Si x est le point eMAN de B(G) on a donc

$$Sx = N.x \neq B(G)$$

mais $\overline{S.x} = B(G)$ d'après le lemme III.2.

Q.E.D.

V.6 UNE APPLICATION AUX OPERATEURS DIFFERENTIELS DU SECOND ORDRE INVARIANTS A GAUCHE.

Soit G un groupe de Lie à base dénombrable. Dans tout ce

paragraphe, Δ désigne un opérateur différentiel invariant à gauche sur G, elliptique, du second ordre, et qui annule les constantes. Si $x_1 \ldots x_n$ sont des coordonnées locales au voisinage de l'unité, Δ est de la forme

$$\Delta f(e) = \sum_{i,j} a_{ij} \frac{\partial^2 f}{\partial x_i \, \partial x_j}(e) + \Sigma b_i \frac{\partial f}{\partial x_i}(e)$$

pour toute fonction de classe 2 sur G au voisinage de e; la forme quadratique (a_{ij}) est définie positive, les b_i sont des nombres réels quelconques. Il existe alors ([13] p 279) un unique semi-groupe de convolution $(\mu^t)_{t>0}$ de mesures de probabilité sur G tel que

$$\lim_{t \to 0} \frac{1}{t} (< f, g\mu^t > - f(g)) = \Delta f(g), \quad (g \in G),$$

pour toute fonction f de classe 2 à support compact. Posons

$$P^t (g, B) = \delta_g * \mu^t(B) \quad , (g \in G, B \text{ partie borélienne de } G).$$

Alors, d'après [14], le processus de Markov X sur G de fonction de transition P^t est à trajectoires continues et est fortement Markovien. La terminologie utilisée dans ce paragraphe est celle de Dynkin [6].

Lemme V.2: Les opérateurs P^t transforment les fonctions boréliennes bornées en fonctions continues et laissent stable l'espace des fonctions continues qui tendent vers 0 à l'infini.
De plus $P^t(g, U) > 0$ pour toute partie ouverte non vide

U de G et tout $g \in G$.

D'après [15], l'opérateur différentiel $L = \Delta - \frac{\partial}{\partial t}$ sur $R \times G$ admet une solution fondamentale unique, c'est-à-dire qu'il existe une unique fonction positive $q(t,g,s,h)$ où $t,s \in R$, $g,h \in G$, $t > s$, telle que, si on pose

$$\bar{f}(t,g) = \int_G q(t,g,s,h)\, f(h)\, dh$$

(dh mesure de Haar invariante à gauche sur G),

on ait, pour toute fonction uniformément continue bornée f sur G,

$$L\,\bar{f}\,(t,g) = 0 \quad \text{et} \quad \lim_{t \to s} \bar{f}\,(t,g) = f(g), \quad (t > s;\ g \in G).$$

L'opérateur L est invariant par translation à gauche (par G et par R); l'unicité de q entraîne donc

$$q(t,g,s,h) = p(t-s,\ g^{-1}h), \qquad (t > s;\ g,h \in G).$$

L'unicité du semi-groupe μ^t de générateur infinitésimal Δ montre alors que μ^t a une densité par rapport à dg, égale à $p(t,g)$. D'après [15], q est de classe 1 en s et t, 2 en g et h, et vérifie $(\Delta_g - \frac{\partial}{\partial t})\, q = 0$. On en déduit

$$(\Delta_g - \frac{\partial}{\partial t})\, p(t,g^{-1}) = 0 .$$

La fonction p est solution d'une équation parabolique à coefficients analytiques et est donc analytique d'après [7] .

Soit f une fonction bornée borélienne; on a

$$P^t f(g) = \int p(t, g^{-1}h)\, f(h)\, dh \quad .$$

On montre sans difficulté que $P^t f$ est continue, et que $P^t f$ tend vers 0 à l'infini si f tend vers 0 à l'infini. Pour chaque $t > 0$, l'ensemble des zéros de $p(t,g)$ est discret dans G, car p est analytique. Comme p verifie l'équation de Chapman-Kolmogorov, on en déduit que $p(t,g) > 0$ sur G. Ceci démontre que $P^t(g, U) > 0$ si U est une partie ouverte non vide de G.

Q.E.D.

Dans la terminologie de [6], X est donc fortement fellérien et est un $\hat{C}$ - processus. Comme X est un $\hat{C}$ - processus à trajectoires continues, l'opérateur caractéristique $\underline{\underline{A}}$ de X prolonge son générateur infinitésimal ([6] vol.1, th.5.5 p142). Donc X est une diffusion au sens de [6] (vol.1 p.152).

Proposition V.6: Soit G un groupe de Lie à base dénombrable; soit Δ un opérateur différentiel elliptique du second ordre sur G, invariant à gauche, annulant les constantes; soit (μ^t) le semi-groupe de mesures de probabilité sur G de générateur infinitésimal Δ. Pour qu'une fonction bornée f sur G soit μ^t - harmonique pour tout $t > 0$, il faut et il suffit que f soit de classe 2 et que $\Delta f = 0$.

D'après le lemme V.2, toute fonction μ^t - harmonique est continue. Comme X est standard, il résulte de [6] (vol.2, th.12.4, p.7) qu'une fonction continue bornée est μ^t - harmonique pour tout $t > 0$ si et seulement si elle est harmonique pour le processus X au sens de [6] (vol.2, p.24). D'autre part si V est un voisinage compact de $g \in G$, et si τ est le temps d'entrée dans G-V pour le processus X, il est clair (lemme V.2) que

$$P_g(\tau < \infty) > 0 \quad .$$

D'après [6] (vol.2, cor.th.13-4, p.35) l'ensemble des fonctions harmoniques pour le processus X est alors identique à l'ensemble des solutions continues de $\underline{\mathbb{A}}f = 0$ où $\underline{\mathbb{A}}$ est l'opérateur caractéristique de X. Mais X est une diffusion et son générateur infinitésimal Δ est à coefficients suffisamment réguliers; il résulte alors de [6] (vol.1, th.5.9, p.159) que les solutions continues de $\underline{\mathbb{A}}f = 0$ sont de classe 2 et vérifient $\Delta f = 0$. Comme $\underline{\mathbb{A}}$ est une extension de Δ , ceci achève la démonstration.

Q.E.D.

Corollaire: Soient G un groupe de Lie à base dénombrable, Δ un opérateur différentiel elliptique du second ordre invariant à gauche sur G et annulant les constantes, $(\mu^t)_{t>0}$ le semi-groupe de mesures de probabilité sur G de générateur infinitésimal Δ . <u>Supposons G de type (T)</u>. Alors pour toute fonction borélienne bornée f sur G, les propriétés suivantes sont équivalentes:

a) f est de classe 2 et $\Delta f = 0$;

b) *il existe un* $t > 0$ *tel que* f *soit* μ^t *- harmonique ;*

c) f *est* μ^t *- harmonique pour tout* $t > 0$.

D'après la prop. V.6, les assertions (a) et (c) sont équivalentes. Il suffit donc de montrer que (b) entraîne (c). Supposons qu'il existe un $s > 0$ tel que f soit μ^s - harmonique. Soit B la frontière maximale de G (prop. II.3). On définit une action du semi-groupe des réels positifs R^+ sur $M^1(B)$ en posant

$$t.\theta = \mu^t * \theta \qquad (t \in R^+ , \theta \in M^1(B)) .$$

Mais R^+ a la propriété de point fixe et opère sur l'ensemble convexe compact $M^1(B)$ par des transformations affines. Il existe donc une mesure ν dans $M^1(B)$ telle que

$$\mu^t * \nu = \nu \qquad (t > 0) .$$

D'après le lemme V.2, le semi-groupe fermé engendré par le support de μ^t dans G est égal à G, pour tout $t > 0$. On en déduit (cor.2 de prop. II.2) que l'espace de Poisson de μ^t est égal à B pour tout $t > 0$. Soit ν_t le noyau de Poisson de μ^t sur B. Les mesures ν et ν_t sont μ^t - invariantes; mais B est une frontière et μ^t est étalée, on a donc (prop. II.4)

$$\nu_t = \nu \qquad \text{pour tout } t > 0 .$$

Soit f une fonction borélienne bornée sur G, et supposons qu'il existe un $s > 0$ tel que f soit μ^s - harmonique. On a alors (th. I.3) $f = \hat{f}*\nu$ où $\hat{f}$ est une fonction borélienne bornée sur B, puisque $\nu_s = \nu$. Comme ν est μ^t - invariante pour tout $t > 0$, on voit que f est μ^t - harmonique pour tout $t > 0$.

Q.E.D.

Remarque V.7: On obtient ainsi lorsque G est de type (T) une représentation intégrale des solutions bornées de $\Delta f = 0$, ce qui généralise un résultat classique sur les espaces riemanniens symétriques (qui correspondent au cas où G est semi-simple connexe de centre fini et où Δ est invariant à droite par un sous-groupe compact maximal de G). Remarquons que le résultat ci-dessus reste valable dès que G est transitif sur l'espace de Poisson de toute mesure de probabilité étalée μ telle que $T_\mu = G$. On peut en particulier l'appliquer à tout groupe de Lie semi-simple connexe (sans restriction sur le centre) car si $T_\mu = G$, le groupe des μ - périodes contient le centre de G (prop. IV.2) et on est ramené au cas des groupes semi-simples connexes de centre fini. En utilisant la prop. IV.2, le th, IV.2, et la prop. V.3-c, on peut montrer que si G est un groupe localement compact de type (T), il existe un sous-groupe distingué fermé H de G tel que G/H soit un groupe de Lie semi-simple connexe de centre fini et tel que pour toute mesure de probabilité étalée μ sur G telle que $T_\mu = G$, le groupe des μ - périodes contienne H. En particulier, le corollaire ci-dessus prouve que les solutions de $\Delta f = 0$ sont en fait des fonctions sur G/H.

BIBLIOGRAPHIE

[1] J. AZEMA, M. KAPLAN-DUFLO, D. REVUZ - Chaînes de Markov récurrentes, article d'exposition, non publié.

[2] R. AZENCOTT - Espaces de Poisson, Comptes rendus Ac. Sci. Paris - tome 266, ser. A, pp.970-973 (1968).
tome 267, ser. A, pp.513-516 (1968).
tome 268, ser. A, pp.139-142 (1968).
tome 268, ser. A, pp.1406-1409 (1968).

[3] C. CHEVALLEY - Théorie des groupes de Lie, vol. I, II, III, Paris, Hermann (1951).

[4] K.L. CHUNG, W.H.J. FUCHS - On the distribution of values of sums of random variables, Mem. Am. Math. Soc., (6) (1951) pp.1-12.

[5] A. DELZANT - Fonctions harmoniques sur les groupes semi-simples, Sem. Théorie du potentiel Brelot-Choquet-Deny (1962-63) exposé 10.

[6] E.B. DYNKIN - Markov processes, vol. I et II, Berlin, Springer (1965).

[7] A. FRIEDMAN - Partial differential equations of parabolic type, Duke Math. Journal, 24 (1957) pp.433-442.

[8] H. FURSTENBERG - Poisson formula for semi-simple Lie groups, Ann. of Math. 77 (1963) pp.335-386.

[9] H. FURSTENBERG - Non commuting random products, Transactions Amer. Math. Soc. 108 (1963) pp.377-428.

[10] L. GARDING - Vecteurs analytiques dans les représentations de groupes de Lie, Bull. Soc. Math. France 88 (1960) pp.73-93.

[11] S. HELGASON - Differential geometry and symmetric spaces, New York, Academic Press (1962).

[12] S. HELGASON, Symmetric spaces, Battelle Rencontres (1967).

[13] G.A. HUNT - Semi-groups of measures on Lie groups, Transactions Amer. Math. Soc. 81 (1956) pp.264-293.

[14] K. ITO - Stochastic differential equations on a differentiable manifold, Nagoya Math. Journal 1 (1950) pp.35-47.

[15] S. ITO - Fundamental solution of parabolic equation on a differentiable manifold, Osaka Math. Journal 5 (1953) pp.75-92.

[16] H. KUNITA, T. WATANABE - Markov processes and Martin boundaries, Ill. Jour, of Math. 9 (1965) pp.485-526.

[17] G. MACKEY - Induced representations of locally compact groups, Ann. of Math. 55 (1952) pp.101-139.

[18] P.A. MEYER - Probabilités et potentiel, Hermann, Paris (1966).

[19] P.A. MEYER - Processus de Markov ; la frontière de Martin, Lecture Notes in Mathematics, n° 74, New-York, Springer - Verlag (1968).

[20] D. MONTGOMERY, L. ZIPPIN - Topological transformation groups, New York, Interscience Publishers (1955).

[21] E. NELSON - The adjoint Markoff process, Duke Math. Jour. 25 (1958) pp.671-690.

[22] J. NEVEU - Bases mathématiques du calcul des probabilités, Paris, Masson (1964).

[23] J. NEVEU - Potentiels markoviens discrets, Ann. de l'Université de Clermont 24 (1964) pp.37-89.

[24] N.W. RICKERT - Amenable groups and groups with the fixed point property, Transactions Amer. Math. Soc. 127 (1967) pp.221-232.

:ture Notes in Mathematics

erschienen/Already published

J. Wermer, Seminar über Funktionen-Algebren. IV, 30 Seiten. DM 3,80 / $ 1.10

: A. Borel, Cohomologie des espaces localement compacts s. J. Leray. IV, 93 pages. 1964. DM 9,– / $ 2.60

J. F. Adams, Stable Homotopy Theory. Third edition. IV, 78 pages. DM 8,– / $ 2.20

M. Arkowitz and C. R. Curjel, Groups of Homotopy Classes. vised edition. IV, 36 pages. 1967. DM 4,80 / $ 1.40

: J.-P. Serre, Cohomologie Galoisienne. Troisième édition. 4 pages. 1965. DM 18,– / $ 5.00

H. Hermes, Term Logic with Choise Operator. III, 55 pages. DM 6,– / $ 1.70

Ph. Tondeur, Introduction to Lie Groups and Transformation s. Second edition. VIII, 176 pages. 1969. DM 14,– / $ 3.80

G. Fichera, Linear Elliptic Differential Systems and Eigenvalue ms. IV, 176 pages. 1965. DM 13,50 / $ 3.80

P. L. Ivănescu, Pseudo-Boolean Programming and Applications. pages. 1965. DM 4,80 / $ 1.40

: H. Lüneburg, Die Suzukigruppen und ihre Geometrien. VI, ten. 1965. DM 8,– / $ 2.20

J.-P. Serre, Algèbre Locale. Multiplicités. Rédigé par P. Gabriel. de édition. VIII, 192 pages. 1965. DM 12,– / $ 3.30

: A. Dold, Halbexakte Homotopiefunktoren. II, 157 Seiten. 1966. – / $ 3.30

: E. Thomas, Seminar on Fiber Spaces. IV, 45 pages. 1966. 30 / $ 1.40

: H. Werner, Vorlesung über Approximationstheorie. IV, 184 Sei- d 12 Seiten Anhang. 1966. DM 14,– / $ 3.90

: F. Oort, Commutative Group Schemes. VI, 133 pages. 1966. 30 / $ 2.70

: J. Pfanzagl and W. Pierlo, Compact Systems of Sets. IV, es. 1966. DM 5,80 / $ 1.60

: C. Müller, Spherical Harmonics. IV, 46 pages. 1966. – / $ 1.40

: H.-B. Brinkmann und D. Puppe, Kategorien und Funktoren. 7 Seiten, 1966. DM 8,– / $ 2.20

: G. Stolzenberg, Volumes, Limits and Extensions of Analytic es. IV, 45 pages. 1966. DM 5,40 / $ 1.50

: R. Hartshorne, Residues and Duality. VIII, 423 pages. 1966. ,– / $ 5.50

: Seminar on Complex Multiplication. By A. Borel, S. Chowla, erz, K. Iwasawa, J.-P. Serre. IV, 102 pages. 1966. DM 8,– /$ 2.20

2: H. Bauer, Harmonische Räume und ihre Potentialtheorie. Seiten. 1966. DM 14,– / $ 3.90

: P. L. Ivănescu and S. Rudeanu, Pseudo-Boolean Methods for it Programming. 120 pages. 1966. DM 10,– / $ 2.80

: J. Lambek, Completions of Categories. IV, 69 pages. 1966. 30 / $ 1.90

: R. Narasimhan, Introduction to the Theory of Analytic Spaces. pages. 1966. DM 10,– / $ 2.80

6: P.-A. Meyer, Processus de Markov. IV, 190 pages. 1967. – / $ 4.20

7: H. P. Künzi und S. T. Tan, Lineare Optimierung großer ne. VI, 121 Seiten. 1966. DM 12,– / $ 3.30

: P. E. Conner and E. E. Floyd, The Relation of Cobordism to ries. VIII, 112 pages. 1966. DM 9,80 / $ 2.70

: K. Chandrasekharan, Einführung in die Analytische Zahlen- . VI, 199 Seiten. 1966. DM 16,80 / $ 4.70

: A. Frölicher and W. Bucher, Calculus in Vector Spaces without X, 146 pages. 1966. DM 12,– / $ 3.30

: Symposium on Probability Methods in Analysis. Chairman. appos. IV, 329 pages. 1967. DM 20,– / $ 5.50

2: M. André, Méthode Simpliciale en Algèbre Homologique et e Commutative. IV, 122 pages. 1967. DM 12,– / $ 3.30

3: G. I. Targonski, Seminar on Functional Operators and ons. IV, 110 pages. 1967. DM 10,– / $ 2.80

: G. E. Bredon, Equivariant Cohomology Theories. VI, 64 pages. DM 6,80 / $ 1.90

5: N. P. Bhatia and G. P. Szegö, Dynamical Systems. Stability and Applications. VI, 416 pages. 1967. DM 24,– / $ 6.60

6: A. Borel, Topics in the Homology Theory of Fibre Bundles. pages. 1967. DM 9,– / $ 2.50

Vol. 37: R. B. Jensen, Modelle der Mengenlehre. X, 176 Seiten. 1967. DM 14,– / $ 3.90

Vol. 38: R. Berger, R. Kiehl, E. Kunz und H.-J. Nastold, Differentialrechnung in der analytischen Geometrie IV, 134 Seiten. 1967 DM 12,– / $ 3.30

Vol. 39: Séminaire de Probabilités I. II, 189 pages. 1967. DM 14,– / $ 3.90

Vol. 40: J. Tits, Tabellen zu den einfachen Lie Gruppen und ihren Darstellungen. VI, 53 Seiten. 1967. DM 6.80 / $ 1.90

Vol. 41: A. Grothendieck, Local Cohomology. VI, 106 pages. 1967. DM 10,– / $ 2.80

Vol. 42: J. F. Berglund and K. H. Hofmann, Compact Semitopological Semigroups and Weakly Almost Periodic Functions. VI, 160 pages. 1967. DM 12,– / $ 3.30

Vol. 43: D. G. Quillen, Homotopical Algebra. VI, 157 pages. 1967. DM 14,– / $ 3.90

Vol. 44: K. Urbanik, Lectures on Prediction Theory. IV, 50 pages. 1967. DM 5,80 / $ 1.60

Vol. 45: A. Wilansky, Topics in Functional Analysis. VI, 102 pages. 1967. DM 9,60 / $ 2.70

Vol. 46: P. E. Conner, Seminar on Periodic Maps. IV, 116 pages. 1967. DM 10,60 / $ 3.00

Vol. 47: Reports of the Midwest Category Seminar I. IV, 181 pages. 1967. DM 14,80 / $ 4.10

Vol. 48: G. de Rham, S. Maumary et M. A. Kervaire, Torsion et Type Simple d'Homotopie. IV, 101 pages. 1967. DM 9,60 / $ 2.70

Vol. 49: C. Faith, Lectures on Injective Modules and Quotient Rings. XVI, 140 pages. 1967. DM 12,80 / $ 3.60

Vol. 50: L. Zalcman, Analytic Capacity and Rational Approximation. VI, 155 pages. 1968. DM 13.20 / $ 3.70

Vol. 51: Séminaire de Probabilités II. IV, 199 pages. 1968. DM 14,– / $ 3.90

Vol. 52: D. J. Simms, Lie Groups and Quantum Mechanics. IV, 90 pages. 1968. DM 8,– / $ 2.20

Vol. 53: J. Cerf, Sur les difféomorphismes de la sphère de dimension trois (Γ_4= O). XII, 133 pages. 1968. DM 12,– / $ 3.30

Vol. 54: G. Shimura, Automorphic Functions and Number Theory. VI, 69 pages. 1968. DM 8,– / $ 2.20

Vol. 55: D. Gromoll, W. Klingenberg und W. Meyer, Riemannsche Geometrie im Großen. VI, 287 Seiten. 1968. DM 20,– / $ 5.50

Vol. 56: K. Floret und J. Wloka, Einführung in die Theorie der lokalkonvexen Räume. VIII, 194 Seiten. 1968. DM 16,– / $ 4.40

Vol. 57: F. Hirzebruch und K. H. Mayer, O (n)-Mannigfaltigkeiten, exotische Sphären und Singularitäten. IV, 132 Seiten. 1968. DM 10,80/ $ 3.00

Vol. 58: Kuramochi Boundaries of Riemann Surfaces. IV, 102 pages. 1968. DM 9,60 / $ 2.70

Vol. 59: K. Jänich, Differenzierbare G-Mannigfaltigkeiten. VI, 89 Seiten. 1968. DM 8,– / $ 2.20

Vol. 60: Seminar on Differential Equations and Dynamical Systems. Edited by G. S. Jones. VI, 106 pages. 1968. DM 9,60 / $ 2.70

Vol. 61: Reports of the Midwest Category Seminar II. IV, 91 pages. 1968. DM 9,60 / $ 2.70

Vol. 62: Harish-Chandra, Automorphic Forms on Semisimple Lie Groups X, 138 pages. 1968. DM 14,– / $ 3.90

Vol. 63: F. Albrecht, Topics in Control Theory. IV, 65 pages. 1968. DM 6,80 / $ 1.90

Vol. 64: H. Berens, Interpolationsmethoden zur Behandlung von Approximationsprozessen auf Banachräumen. VI, 90 Seiten. 1968. DM 8,– / $ 2.20

Vol. 65: D. Kölzow, Differentiation von Maßen. XII, 102 Seiten. 1968. DM 8,– / $ 2.20

Vol. 66: D. Ferus, Totale Absolutkrümmung in Differentialgeometrie und -topologie. VI, 85 Seiten. 1968. DM 8,– / $ 2.20

Vol. 67: F. Kamber and P. Tondeur, Flat Manifolds. IV, 53 pages. 1968. DM 5,80 / $ 1.60

Vol. 68: N. Boboc et P. Mustaţă, Espaces harmoniques associés aux opérateurs différentiels linéaires du second ordre de type elliptique. VI, 95 pages. 1968. DM 8,60 / $ 2.40

Vol. 69: Seminar über Potentialtheorie. Herausgegeben von H. Bauer. VI, 180 Seiten. 1968. DM 14,80 / $ 4.10

Vol. 70: Proceedings of the Summer School in Logic. Edited by M. H. Löb. IV, 331 pages. 1968. DM 20,– / $ 5.50

Vol. 71: Séminaire Pierre Lelong (Analyse), Année 1967 – 1968. VI, 19 pages. 1968. DM 14,– / $ 3.90

Bitte wenden / Continued

Vol. 72: The Syntax and Semantics of Infinitary Languages. Edited by J. Barwise. IV, 268 pages. 1968. DM 18,– / $ 5.00

Vol. 73: P. E. Conner, Lectures on the Action of a Finite Group. IV, 123 pages. 1968. DM 10,– / $ 2.80

Vol. 74: A. Fröhlich, Formal Groups. IV, 140 pages. 1968. DM 12,– / $ 3.30

Vol. 75: G. Lumer, Algèbres de fonctions et espaces de Hardy. VI, 80 pages. 1968. DM 8,– / $ 2.20

Vol. 76: R. G. Swan, Algebraic K-Theory. IV, 262 pages. 1968. DM 18,– / $ 5.00

Vol. 77: P.-A. Meyer, Processus de Markov: la frontière de Martin. IV, 123 pages. 1968. DM 10,– / $ 2.80

Vol. 78: H. Herrlich, Topologische Reflexionen und Coreflexionen. XVI, 166 Seiten. 1968. DM 12,– / $ 3.30

Vol. 79: A. Grothendieck, Catégories Cofibrées Additives et Complexe Cotangent Relatif. IV, 167 pages. 1968. DM 12,– / $ 3.30

Vol. 80: Seminar on Triples and Categorical Homology Theory. Edited by B. Eckmann. IV, 398 pages. 1969. DM 20,– / $ 5.50

Vol. 81: J.-P. Eckmann et M. Guenin, Méthodes Algébriques en Mécanique Statistique. VI, 131 pages. 1969. DM 12,– / $ 3.30

Vol. 82: J. Wloka, Grundräume und verallgemeinerte Funktionen. VIII, 131 Seiten. 1969. DM 12,– / $ 3.30

Vol. 83: O. Zariski, An Introduction to the Theory of Algebraic Surfaces. IV, 100 pages. 1969. DM 8,– / $ 2.20

Vol. 84: H. Lüneburg, Transitive Erweiterungen endlicher Permutationsgruppen. IV, 119 Seiten. 1969. DM 10,– / $ 2.80

Vol. 85: P. Cartier et D. Foata, Problèmes combinatoires de commutation et réarrangements. IV, 88 pages. 1969. DM 8,– / $ 2.20

Vol. 86: Category Theory, Homology Theory and their Applications I. Edited by P. Hilton. VI, 216 pages. 1969. DM 16,– / $ 4.40

Vol. 87: M. Tierney, Categorical Constructions in Stable Homotopy Theory. IV, 65 pages. 1969. DM 6,– / $ 1.70

Vol. 88: Séminaire de Probabilités III. IV, 229 pages. 1969. DM 18,– / $ 5.00

Vol. 89: Probability and Information Theory. Edited by M. Behara, K. Krickeberg and J. Wolfowitz. IV, 256 pages. 1969. DM 18,– / $ 5.00

Vol. 90: N. P. Bhatia and O. Hajek, Local Semi-Dynamical Systems. II, 157 pages. 1969. DM 14,– / $ 3.90

Vol. 91: N. N. Janenko, Die Zwischenschrittmethode zur Lösung mehrdimensionaler Probleme der mathematischen Physik. VIII, 194 Seiten. 1969. DM 16,80 / $ 4.70

Vol. 92: Category Theory, Homology Theory and their Applications II. Edited by P. Hilton. V, 308 pages. 1969. DM 20,– / $ 5.50

Vol. 93: K. R. Parthasarathy, Multipliers on Locally Compact Groups. III, 54 pages. 1969. DM 5,60 / $ 1.60

Vol. 94: M. Machover and J. Hirschfeld, Lectures on Non-Standard Analysis. VI, 79 pages. 1969. DM 6,– / $ 1.70

Vol. 95: A. S. Troelstra, Principles of Intuitionism. II, 111 pages. 1969. DM 10,– / $ 2.80

Vol. 96: H.-B. Brinkmann und D. Puppe, Abelsche und exakte Kategorien, Korrespondenzen. V, 141 Seiten. 1969. DM 10,– / $ 2.80

Vol. 97: S. O. Chase and M. E. Sweedler, Hopf Algebras and Galois theory. II, 133 pages. 1969. DM 10,– / $ 2.80

Vol. 98: M. Heins, Hardy Classes on Riemann Surfaces. III, 106 pages. 1969. DM 10,– / $ 2.80

Vol. 99: Category Theory, Homology Theory and their Applications III. Edited by P. Hilton. IV, 489 pages. 1969. DM 24,– / $ 6.60

Vol. 100: M. Artin and B. Mazur, Etale Homotopy. II, 196 Seiten. 1969. DM 12,– / $ 3.30

Vol. 101: G. P. Szegö et G. Treccani, Semigruppi di Trasformazioni Multivoche. VI, 177 pages. 1969. DM 14,– / $ 3.90

Vol. 102: F. Stummel, Rand- und Eigenwertaufgaben in Sobolewschen Räumen. VIII, 386 Seiten. 1969. DM 20,– / $ 5.50

Vol. 103: Lectures in Modern Analysis and Applications I. Edited by C. T. Taam. VII, 162 pages. 1969. DM 12,– / $ 3.30

Vol. 104: G. H. Pimbley, Jr., Eigenfunction Branches of Nonlinear Operators and their Bifurcations. II, 128 pages. 1969. DM 10,– / $ 2.80

Vol. 105: R. Larsen, The Multiplier Problem. VII, 284 pages. 1969. DM 18,– / $ 5.00

Vol. 106: Reports of the Midwest Category Seminar III. Edited by S. Mac Lane. III, 247 pages. 1969. DM 16,– / $ 4.40

Vol. 107: A. Peyerimhoff, Lectures on Summability. III, 111 pages. 1969. DM 8,– / $ 2.20

Vol. 108: Algebraic K-Theory and its Geometric Applications. Edited by R. M. F. Moss and C. B. Thomas. IV, 86 pages. 1969. DM 6,– / $ 1.70

Vol. 109: Conference on the Numerical Solution of Differential tions. Edited by J. Ll. Morris. VI, 275 pages. 1969. DM 18,– / $

Vol. 110: The Many Facets of Graph Theory. Edited by G. Cha and S. F. Kapoor. VIII, 290 pages. 1969. DM 18,– / $ 5.00

Vol. 111: K. H. Mayer, Relationen zwischen charakteristischen Z III, 99 Seiten. 1969. DM 8,– / $ 2.20

Vol. 112: Colloquium on Methods of Optimization. Edit N. N. Moiseev. IV, 293 pages. 1970. DM 18,– / $ 5.00

Vol. 113: R. Wille, Kongruenzklassengeometrien. III, 99 Seiten. DM 8,– / $ 2.20

Vol. 114: H. Jacquet and R. P. Langlands, Automorphic Forms on VII, 548 pages. 1970. DM 24,– / $ 6.60

Vol. 115: K. H. Roggenkamp and V. Huber-Dyson, Lattices over O XIX, 290 pages. 1970. DM 18,– / $ 5.00

Vol. 116: Séminaire Pierre Lelong (Analyse) Année 1969. IV, 195 1970. DM 14,– / $ 3.90

Vol. 117: Y. Meyer, Nombres de Pisot, Nombres de Salem et A Harmonique. 63 pages. 1970. DM 6.– / $ 1.70

Vol. 118: Proceedings of the 15th Scandinavian Congress, Osl Edited by K. E. Aubert and W. Ljunggren. IV, 162 pages. 1970. DM 12,– / $ 3.30

Vol. 119: M. Raynaud, Faisceaux amples sur les schémas en g et les espaces homogènes. III, 219 pages. 1970. DM 14,– / $

Vol. 120: D. Siefkes, Büchi's Monadic Second Order Suc Arithmetic. XII, 130 Seiten. 1970. DM 12,– / $ 3.30

Vol. 121: H. S. Bear, Lectures on Gleason Parts. III, 47 pages DM 6,–/$ 1.70

Vol. 122: H. Zieschang, E. Vogt und H.-D. Coldewey, Fläch ebene diskontinuierliche Gruppen. VIII, 203 Seiten. 1970. DM $ 4.40

Vol. 123: A. V. Jategaonkar, Left Principal Ideal Rings. VI, 145 1970. DM 12,– / $ 3.30

Vol. 124: Séminare de Probabilités IV. Edited by P. A. Meyer. pages. 1970. DM 20,– / $ 5.50

Vol. 125: Symposium on Automatic Demonstration. V, 310 page DM 20,– / $ 5.50

Vol. 126: P. Schapira, Théorie des Hyperfonctions. XI, 157 page DM 14,– / $ 3.90

Vol. 127: I. Stewart, Lie Algebras. IV, 97 pages. 1970. DM 10,–

Vol. 128: M. Takesaki, Tomita's Theory of Modular Hilbert A and its Applications. II, 123 pages. 1970. DM 10,– / $ 2.80

Vol. 129: K. H. Hofmann, The Duality of Compact Semigrou C*- Bigebras. XII, 142 pages. 1970. DM 14,– / $ 3.90

Vol. 130: F. Lorenz, Quadratische Formen über Körpern. II, 7 1970. DM 8,– / $ 2.20

Vol. 131: A Borel et al., Seminar on Algebraic Groups and Finite Groups. VII, 321 pages. 1970. DM 22,– / $ 6.10

Vol. 132: Symposium on Optimization. III, 348 pages. 1970. DM $ 6.10

Vol. 133: F. Topsøe, Topology and Measure. XIV, 79 pages. DM 8,– / $ 2.20

Vol. 134: L. Smith, Lectures on the Eilenberg-Moore Spectral Se VII, 142 pages. 1970. DM 14,– / $ 3.90

Vol. 135: W. Stoll, Value Distribution of Holomorphic Maps int pact Complex Manifolds. II, 267 pages. 1970. DM 18,– /

Vol. 136: M. Karoubi et al., Séminaire Heidelberg-Saarbrücke buorg sur la K-Théorie. IV, 264 pages. 1970. DM 18,– / $ 5.00

Vol. 137: Reports of the Midwest Category Seminar IV. E S. MacLane. III, 139 pages. 1970. DM 12,– / $ 3.30

Vol. 138: D. Foata et M. Schützenberger, Théorie Géométric Polynômes Eulériens. V, 94 pages. 1970. DM 10,– / $ 2.80

Vol. 139: A. Badrikian, Séminaire sur les Fonctions Aléatoire aires et les Mesures Cylindriques. VII, 221 pages. 1970. DM $ 5.00

Vol. 140: Lectures in Modern Analysis and Applications II. E C. T. Taam. VI, 119 pages. 1970. DM 10,– / $ 2.80

Vol. 141: G. Jameson, Ordered Linear Spaces. XV, 194 pages DM 16,– / $ 4.40

Vol. 142: K. W. Roggenkamp, Lattices over Orders II. V, 388 1970. DM 22,– / $ 6.10

Vol. 143: K. W. Gruenberg, Cohomological Topics in Group XIV, 275 pages. 1970. DM 20,– / $ 5.50

4: Seminar on Differential Equations and Dynamical Systems, ted by J. A. Yorke. VIII, 268 pages. 1970. DM 20,– / $ 5.50

5: E. J. Dubuc, Kan Extensions in Enriched Category Theory. 3 pages. 1970. DM 16,– / $ 4.60

6: A. B. Altman and S. Kleiman, Introduction to Grothendieck Theory. II, 192 pages. 1970. DM 18,– / $ 5.20

7: D. E. Dobbs, Cech Cohomological Dimensions for Com- e Rings. VI, 176 pages. 1970. DM 16,– / $ 4.60

8: R. Azencott, Espaces de Poisson des Groupes Localement acts. IX. 141 pages. 1970. DM 16.– / $ 4.10

Beschaffenheit der Manuskripte

Die Manuskripte werden photomechanisch vervielfältigt; sie müssen daher in sauberer Schreibmaschinenschrift geschrieben sein. Handschriftliche Formeln bitte nur mit schwarzer Tusche eintragen. Notwendige Korrekturen sind bei dem bereits geschriebenen Text entweder durch Überkleben des alten Textes vorzunehmen oder aber müssen die zu korrigierenden Stellen mit weißem Korrekturlack abgedeckt werden. Falls das Manuskript oder Teile desselben neu geschrieben werden müssen, ist der Verlag bereit, dem Autor bei Erscheinen seines Bandes einen angemessenen Betrag zu zahlen. Die Autoren erhalten 75 Freiexemplare.

Zur Erreichung eines möglichst optimalen Reproduktionsergebnisses ist es erwünscht, daß bei der vorgesehenen Verkleinerung der Manuskripte der Text auf einer Seite in der Breite möglichst 18 cm und in der Höhe 26,5 cm nicht überschreitet. Entsprechende Satzspiegelvordrucke werden vom Verlag gern auf Anforderung zur Verfügung gestellt.

Manuskripte, in englischer, deutscher oder französischer Sprache abgefaßt, nimmt Prof. Dr. A. Dold, Mathematisches Institut der Universität Heidelberg, Tiergartenstraße oder Prof. Dr. B. Eckmann, Eidgenössische Technische Hochschule, Zürich, entgegen.

Cette série a pour but de donner des informations rapides, de niveau élevé, sur des développements récents en mathématiques, aussi bien dans la recherche que dans l'enseignement supérieur. On prévoit de publier

1. des versions préliminaires de travaux originaux et de monographies
2. des cours spéciaux portant sur un domaine nouveau ou sur des aspects nouveaux de domaines classiques
3. des rapports de séminaires
4. des conférences faites à des congrès ou à des colloquiums

En outre il est prévu de publier dans cette série, si la demande le justifie, des rapports de séminaires et des cours multicopiés ailleurs mais déjà épuisés.

Dans l'intérêt d'une diffusion rapide, les contributions auront souvent un caractère provisoire; le cas échéant, les démonstrations ne seront données que dans les grandes lignes. Les travaux présentés pourront également paraître ailleurs. Une réserve suffisante d'exemplaires sera toujours disponible. En permettant aux personnes intéressées d'être informées plus rapidement, les éditeurs Springer espèrent, par cette série de »prépublications«, rendre d'appréciables services aux instituts de mathématiques. Les annonces dans les revues spécialisées, les inscriptions aux catalogues et les copyrights rendront plus facile aux bibliothèques la tâche de réunir une documentation complète.

Présentation des manuscrits

Les manuscrits, étant reproduits par procédé photomécanique, doivent être soigneusement dactylographiés. Il est recommandé d'écrire à l'encre de Chine noire les formules non dactylographiées. Les corrections nécessaires doivent être effectuées soit par collage du nouveau texte sur l'ancien soit en recouvrant les endroits à corriger par du verni correcteur blanc.

S'il s'avère nécessaire d'écrire de nouveau le manuscrit, soit complètement, soit en partie, la maison d'édition se déclare prête à verser à l'auteur, lors de la parution du volume, le montant des frais correspondants. Les auteurs recoivent 75 exemplaires gratuits.

Pour obtenir une reproduction optimale il est désirable que le texte dactylographié sur une page ne dépasse pas 26,5 cm en hauteur et 18 cm en largeur. Sur demande la maison d'édition met à la disposition des auteurs du papier spécialement préparé.

Les manuscrits en anglais, allemand ou francais peuvent être adressés au Prof. Dr. A. Dold, Mathematisches Institut der Universität Heidelberg, Tiergartenstraße ou au Prof. Dr. B. Eckmann, Eidgenössische Technische Hochschule, Zürich.

Printed in the United States
By Bookmasters